반도체
공정장비 공학

Semiconductor Process Equipment Engineering

최재성 지음

 북스힐

오늘날 우리가 살아가고 있는 일상생활 중심에 반도체가 자리 잡고 있다. 4차 산업혁명, 인공지능(AI), 빅데이터(Big Data), 가상현실(VR), 증강현실(AR), 사물인터넷(IoT), 로봇, 스마트 팩토리(Smart Factory)로 대표되는 첨단 산업에는 필수적으로 반도체가 사용되고 있다. 이러한 최첨단 산업의 쌀인 반도체는 수많은 제조과정을 거쳐서 만들어진다. 반도체 제조과정에 반드시 필요한 것이 반도체 제조 장비이다. 반도체 제조 장비는 최첨단 기술의 집약체이다. 최첨단 기계, 전기, 전자, 제어, 소프트웨어 기술의 융합체가 반도체 제조 장비이다. 이 책은 반도체 제조 장비를 공부하고 싶어 하는 학생이나 업무적으로 반도체 제조 장비를 이해하여야 할 필요가 있는 일반인들을 위해 이해하기 쉽게 제작하였다.

제1장에서는 반도체 제조 공정의 개요에 대하여 기술하였다. 반도체 종류, 반도체 회로 설계 과정, 마스크(Mask) 제작 과정, 웨이퍼(Wafer) 제조 과정, 반도체 칩(Chip) 제조 과정에 대해 이해하기 쉽게 기술하였다.

제2장에서는 반도체 제조 단위 공정인 사진(Photo Lithography), 식각(Etch), 확산(Diffusion), 이온 주입(Ion Implantation), 박막(Thin Film), 세정(Cleaning), 평탄화(CMP) 공정에 대해 기술하였다. 반도체 제조 장비의 이해를 위해서는 반도체 공정에 대한 지식이 필수적으로 요구된다. 이에 대한 이해를 돕기 위해 각 제조 공정에 대하여 이해하기 쉽게 기술하였다.

제3장에서는 반도체 제조 장비의 개요에 대하여 기술하였다. 반도체 제조 장비의 기본 구조와 동작 원리에 대해서 기술하였으며 또한 제조 장비에 필수적인 설비 시설(Utility)과 반도체 제조 공장(Fab)에 대한 이해를 돕기 위해 이에 대한 설명도 함께 기술하였다.

제4장에서는 반도체 제조 공정에 필요한 핵심 장비인 사진 장비, 식각 장비, 확산 장비, 이온 주입 장비, 박막 장비, 세정 장비, 평탄화 장비, 계측 및 검사 장비에 대하여 장비의 역할, 장비 구성, 장비의 작동 원리, 장비 구성품의 종류 및 기능 등을 심화 학습하도록 이에 대하여 상세히 기술하였다.

그동안 반도체 공정이나 소자 측면에서는 많은 책들이 나와 있으나 반도체 제조 장비에 대한 체계적인 책들은 그다지 흔치 않았다. 이 책은 이러한 갈증을 해소 시켜 주기 위해 제작되었으며 독자 여러분들에게 반도체 제조 장비를 이해하는데 많은 도움이 되길 희망한다.

저자 최 재 성

| 차례 |

4장 반도체 제조 공정 장비

1장

반도체 제조 공정

반도체를 제조하기 위해서는 크게 다섯 단계를 거치게 된다. 첫 번째 단계는 반도체를 제조하기 위한 회로를 설계하는 회로설계 단계, 두 번째 단계는 설계된 회로를 제조 공정에 사용하기 위한 마스크 제작 단계, 세 번째 단계는 반도체를 제조하기 위해 사용되는 기판을 만드는 웨이퍼 제조 단계, 네 번째는 웨이퍼를 사용하여 반도체를 제조하는 웨이퍼 가공 단계, 마지막 단계로는 조립과 검사 단계가 있다. 이들 다섯 단계에 대한 전반적인 이해를 먼저 하는 것이 반도체 장비를 이해하는데 있어서 매우 중요하다.

1.1 반도체의 종류

반도체는 전자제품의 핵심 부품으로서 전자제품 내에서 정류, 증폭, 변환 등의 전기 신호 처리 기능과 저장, 기억, 연산, 제어 등의 기능을 수행하며 그 종류별로는 크게 집적회로(IC; Integrated Circuit)와 개별반도체(Discrete Semiconductor)로 나눌 수 있다. 집적회로는 그 기능에 따라 저장과 기억을 담당하는 메모리 반도체와 연산, 제어 등을 담당하는 시스템 반도체, 화합물 반도체로 구분된다. 메모리 반도체는 정보를 저장하는 방법에 따라 DRAM(Dynamic Random Access Memory), SRAM(Static Random Access Memory)과 같이 전원을 인가하였을 경우에만 정보 저장이 되는 휘발성 메모리

(Volatile Memory)와 전원이 꺼지더라도 정보 저장이 가능한 비휘발성 메모리 (Non-Volatile Memory)로 나눌 수 있다. 비휘발성 메모리는 그 기능에 따라서 ROM(Read Only Memory), EPROM(Electrically Programmable ROM), EEPROM(Electrically Erasable and Programmable ROM)으로 나누어지며 대표적인 EEPROM으로서 Flash Memory가 있다. Flash Memory는 설계 방법에 따라서 NOR Flash type과 NAND Flash type으로 나누어진다. 시스템 반도체는 CPU(Central Process Unit), AP(Application Processor) 와 같은 MPU(Micro Processor Unit), DSP(Digital Signal Processor), MCU(Micro Controller Unit) 로 대표되는 Micro Component와 ASIC(Application Specific IC), ASSP(Application Specific Standard Product), FPGA(Field Programmable Gate Array)와 같은 Logic Device, RF(Radio Frequency) IC 와 같은 Analog Device, CIS(CMOS Image Sensor)와 같은 Sensor 등으로 나누어진다. 또한 화합물 반도체는 주로 주기율표상 3족과 5족 원소를 혼합한 반도체를 말하며 GaAs 반도체가 대표적인 화합물 반도체로서 주로 광반도체 및 통신용 반도체로 사용된다. 개별 반도체는 단일 소자로 구성된 반도체이며 주로 신호를 정류, 증폭, 변환 하는 용도로 사용되어지며 대표적인 개별 반도체로는 Diode, Transistor 등이 있다.

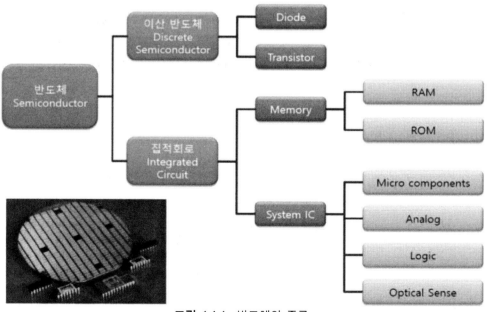

그림 1.1.1 반도체의 종류

1.2 반도체 제조 개요

반도체를 만들기 위해서는 크게 다섯 단계를 거치는데 첫 번째 단계는 반도체를 제조하기 위한 회로를 설계하는 회로설계 단계, 두 번째 단계는 설계된 회로를 제조 공정에 사용하기 위한 마스크 제작 단계, 세 번째 단계는 반도체를 제조하기 위해 사용되는 기판을 만드는 웨이퍼 제조 단계, 네 번째는 웨이퍼를 사용하여 반도체를 제조하는 웨이퍼 가공 단계, 마지막 단계로는 조립과 검사 단계가 있다.

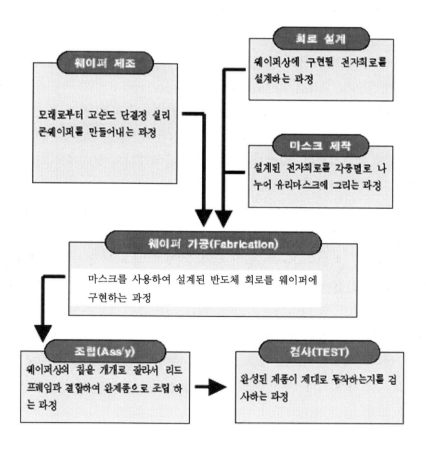

그림 1.2.1 반도체 제조 단계

1.3 반도체 회로 설계 과정

반도체 회로를 설계하는 것은 원하는 사양의 반도체를 만들기 위하여 원하는 기능을 설계에 반영하는 것이다. 반도체 설계 과정을 살펴보면 다음과 같은 단계로 나누어진다. 첫 번째로 시스템을 설계 한다. 이때 입력과 출력의 사양과 제품의 사양을 결정한다. 이미 시장에서 사용하고 있는 표준제품의 경우는 사양이 정해져 있으나 아직 사용 되지 않고 있는 신제품의 경우는 사용자가 사양을 정하도록 한다. 다음 두 번째 단계는 기능 및 구조 설계를 하는데 칩의 특성을 만족시킬 수 있는 반도체 내부의 구조와 각각의 기능을 설계한다. 이때 칩의 전체 성능을 도달하기 위하여 몇 개의 기능 블록으로 구성되는 데 이미 준비되어 있는 기능 블록이 있으면 그것을 사용하여 설계를 하게 된다. 이와 같이 이미 만들어진 기능 블록을 IP(Intellectual Property)라고 한다. 세 번째로 논리 설계단계를 진행한다. 논리 설계는 논리 레벨과 기능적 레벨을 비교한다. 네 번째로 회로 설계단계를 진행한다. 트랜지스터, 저항, 캐패시터, 인덕터 등과 같은 기본 소자의 동작들이 시뮬레이션을 통해 행하여진다. 이어서 도형적 설계단계에서는 전단계의 기능적 혹은 구조적 표현을 시스템으로 제조하기 위하여 사용되는 도형적인 모양인 레이아웃(Layout)으로 바꾸는 일이 이루어진다. 셀들의 배치를 위해 평면도 계획을 통해 배열한 후 최적화 시뮬레이션을 통하여 셀들을 배치 및 배선한다. 이 작업은 칩 사이즈와 직결되는 작업으로 칩 제조 원가와 밀접한 관계를 갖는다. 얻어진 레이아웃은 설계 규칙 점검과 레이아웃이 논리 회로 설계대로 되었는지를 검증(Verification)한다. 이 후 시뮬레이션을 통하여 레이아웃 설계를 완성한 후 레이아웃은 파일 형태로 바뀌고, 그 파일은 마스크 제조 공장에 보내지고 마스크 제조 공장에서는 제공된 파일을 가지고 포토 마스크(Photo Mask)를 제작한다. 제작된 포토 마스크를 사용하여 칩으로 제조하는 제조 공정 (Fabrication)을 수행하게 된다. 통상 포토 마스크를 레티클(Reticle)이라는 명칭과 혼용하여 쓴다.

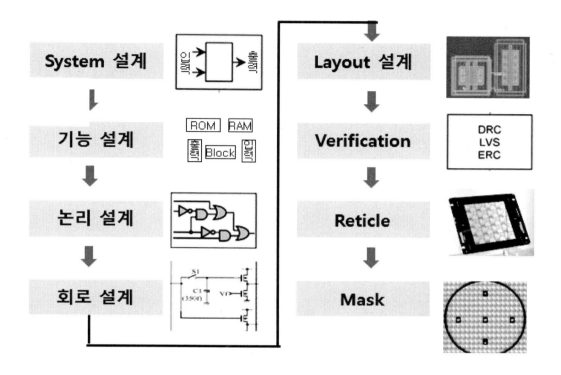

그림 1.3.1 반도체 설계 단계

1.4 반도체 Mask 제작 과정

설계된 반도체 회로를 반도체로 제조하기 위해서는 마스크(Mask)가 반드시 필요하다. 회로 패턴이 그려진 유리를 마스크라 한다. 반도체 제조 공정(Fabrication)은 사진 공정 (Photo Lithography)을 기반으로 이루어진다. 사진 공정에 반드시 필요한 것이 마스크다. 마스크는 제조 공정에서 사진용 원판의 구실을 한다. 노광 공정에서 마스크를 웨이퍼 위에 장착한 다음 강한 자외선을 마스크에 비추면 마스크에 프린트된 회로 패턴이 웨이퍼에 똑같이 그려지게 된다. 마스크의 제조 방법은 설계된 레이아웃(Layout) 회로 패턴을 E-Beam과 같은 노광 설비를 사용하여 석영으로 만든 유리 원판(Blank Mask) 위에 패턴을 그려 마스크를 만든다. 마스크를 제작하는 단계는 설계된 레이아웃을 가지고 디지타이징(Digitizing) 작업을 통하여 대형 레이아웃 도면을 칩의 최종 크기로 축소한다. 축소된 패턴은 PG(Pattern Generation), Step& Repeat 작업 등을 거치면서 마스크가 제작된다. 마스크 제작은 블랭크 마스크라 불리는 석영유리 원판에 크롬(Chrome)으로 회로를 그린 것인데, 크롬은 노광공정에서 자외선 빛의 투과를 차단하는 역할을 한다. 크롬 패턴을 만드는 방법에는 두 가지가 있는데 하나는 노광공정으로 그리는 것이 있고 또 하나는 E-Beam이라는 장치를 이용하여 유리 원판에 직접 회로를 그려 놓는 방법이 있다.

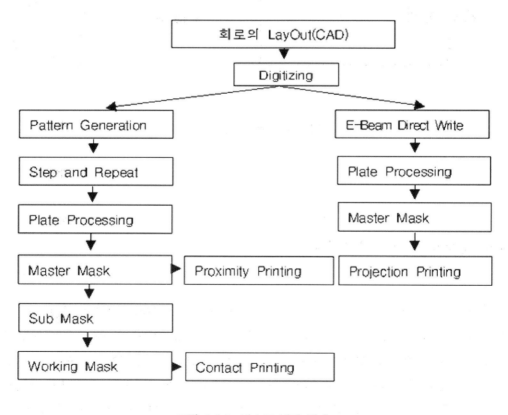

그림 1.4.1 마스크 제작 단계

마스크 제작 공정은 블랭크 마스크를 E-Beam 등으로 노광하여 패턴을 형성한 다음 노광된 영역의 포토레지스트(Photo Resist)를 현상액으로 제거(Develop) 한 후 노출된 크롬(Chrome)을 식각(Etching)하여 크롬 패턴을 형성한다. 이 후 포토레지스트를 제거(Strip)한 후 잔여막을 세정(Cleaning) 공정을 통하여 깨끗이 제거한다. 이 후 크롬 패턴이 제대로 형성되었는지 검사(Inspection) 공정을 통하여 검증한 후 문제가 발생하면 재작업(Rework)을 실시한다. 검사 공정에서 문제가 없다는 것이 검증되면 마스크를 보호하기 위한 보호막(Pellicle)을 씌우는 작업을 실시하여 최종 마스크 제작 공정을 완성한다.

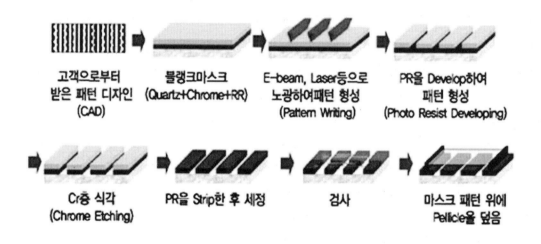

그림 1.4.2 마스크 제작 공정

1.5 반도체 웨이퍼(Wafer) 제조 과정

설계된 반도체 회로를 반도체로 제조하기 위해서는 마스크(Mask)가 반드시 필요한 것처럼 반도체를 제조하기 위해서는 반도체가 만들어 지는 기판인 웨이퍼(Wafer)가 반드시 필요하다. 반도체에 사용하는 웨이퍼로 가장 많이 사용되어지는 웨이퍼가 실리콘(Silicon) 소재로 만든 웨이퍼다. 그 외에 주기율표 상 3족, 5족의 원소를 혼합하여 만든 화합물 반도체, 예를 들면 가륨비소(GaAs) 소재로 만든 웨이퍼 등이 광소자 및 고속 통신용 반도체의 기판으로 사용되고 있으나 흔히 말하는 DRAM 등 메모리 반도체나 CPU와 같은 비메모리 반도체에서는 대부분 실리콘 웨이퍼가 기판으로 사용되고 있다. 그럼 가장 많이 사용되어지는 실리콘 웨이퍼 제조 과정에 대해 알아보도록 하자. 먼저 실리콘 웨이퍼를 만들기 위해서는 규소인 모래(SiO_2)를 채취하여 이를 여러 증류 및 환원 과정을 통하여 정제하여 고 순도의 폴리실리콘(Polycrystalline Silicon)을 만든다. 실리콘은 지구상에 존재하는 원소 중 산소 다음으로 풍부하여 저렴한 가격으로 만들 수 있다는 장점이 있다. 이렇게 만들어진 고 순도의 폴리실리콘 원석들을 고온의 도가니(Furnace)에 넣어 용융시켜서 단결정(Single Crystal) 실리콘 잉곳(Ingot)을 만든다. 이렇게 만들어진 단결정 실리콘 잉곳을 얇게 자르고 표면을 연마하고 광택을 내면 반도체 제조에 사용되어지는 웨이퍼가 완성되는 것이다. 반도체 단결정 실리콘 웨이퍼를 만드는 제조과정이 가장 핵심이 되는 공정이므로 이에 대하여 자세히 살펴보자.

　단결정 실리콘 웨이퍼를 만드는 과정은 크게 3단계로 나눌 수 있다. 첫 단계는 단결정 실리콘 잉곳을 만드는 과정이다. 단결정 실리콘 잉곳을 만드는 방법에는 두 가지 방법이 있다. 첫째로는 도가니를 사용하여 도가니 속의 폴리실리콘을 실리콘 단결정 씨앗 결정을 사용하여 서서히 끌어 올리면서 단결정 봉을 성장시키는 쵸크랄스키(Czochralski) 법과 씨앗 결정을 바닥에 부착하고 고순도의 다결정 봉을 수직으로 매달아 회전시켜 용융영역을 이동시키는 부유대역(Floating Zone)법이 있다. 이 중 가장 많이 사용되는 방법은 쵸크랄스키법이다.

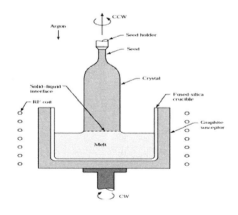

그림 1.5.1 쵸크랄스키 단결정 성장로

쵸크랄스키법으로 실리콘 잉곳이 만들어 진 다음 검사 과정을 통하여 만들어진 잉곳의 품질을 확인한다. 주로 비저항, 산소나 탄소 등 불순물 농도 및 결함 상태를 확인하여 잉곳의 품질을 확인한다. 확인이 끝나면 두 번째 단계인 규소 봉 절단(Wafer Slicing) 작업을 진행한다. 규소봉 절단 작업은 성장된 규소 봉을 균일한 두께의 웨이퍼로 잘라내는 작업으로서 다이아몬드 톱이나 텅스텐 와이어를 사용하여 절단한다. 웨이퍼마다 균일한 두께로 절단하는 것이 중요하다. 웨이퍼의 직경은 규소 봉의 구경에 따라 4,5,6,8,12 인치(inch)로 만들어 지며 웨이퍼의 직경은 단결정 잉곳을 만드는 과정에서 결정되어진다. 절단 작업이 완료되면 마지막 세 번째 단계로 웨이퍼 표면 연마(Lapping & Polishing)과정 이 진행된다. 이 과정은 웨이퍼의 한쪽 표면(반도체 제조 공정에서 회로 패턴이 만들어지는 면)을 거울처럼 평평하고 반질거리게 만들어 주는 공정이며 이렇게 만들어진 표면에 추후 반도체 제조 과정에서 회로 패턴을 그려 넣게 되는 것이다. 표면 연마가 완료되면 표면을 세정공정을 통하여 깨끗하게 만든 후 검사 공정을 통하여 웨이퍼의 형상 규격(표면 조도, 휘어짐 정도, 파티클 등)을 확인한 후 밀봉 패킹하여 보관토록 한다.

그림 1.5.2 웨이퍼 제조 과정

1.6 반도체 칩(Chip) 가공(Fabrication) 과정

설계된 반도체 회로를 실리콘 웨이퍼에 구현하는 과정이 반도체 칩 가공(Fabrication) 과정이다. 설계된 반도체 회로는 포토 마스크라고 하는데 통상 포토 마스크를 수 십장 사용하여 반도체 칩을 제조한다. 실리콘 웨이퍼 기판에 반도체 칩 가공 시 중심이 되는 공정이 포토 마스크를 사용하여 반도체 회로 패턴을 실리콘 웨이퍼 위에 구현하는 포토리소그래피(Photo Lithography) 공정이다. 그려진 회로 패턴을 따라 식각하는 식각 공정(Etching Process)이 뒤를 따라서 진행되며 식각이 된 부분에 불순물 이온을 주입(Ion Implantation)한 후 열처리 하여 반도체에 전기적인 특성을 만들며 순차적으로 우물(Well)을 만들고 트랜지스터(Transistor)와 트랜지스터 간의 소자 분리(Isolation)를 형성한 다음 트랜지스터 게이트(Gate)를 제작하고 이 후 캐패시터(Capacitor)및 금속 배선 공정과 절연막 공정으로 이루어지는 박막 공정(Thin Film Process)이 진행되는데 이들 공정에서도 트랜지스터 제작 공정에서와 마찬가지로 포토리소그래피 공정과 식각 공정이 반복되게 된다. 금속 배선 물질로는 주로 알루미늄(Al)을 사용하였으나 최근에는 소자의 신호 전달 속도를 높이기 위하여 금속 저항이 낮은 구리(Cu)를 사용한다. 또한 금속 배선층과 금속 배선층 사이에는 절연막을 사용하는데 일반적으로 산화막을 사용한다. 이 것 역시 최근에는 소자의 신호 전달 속도를 높이기 위하여 저유전체(Low-k) 절연막을 사용한다. 금속 배선 층 간 전기적 신호를 전달하는 관통 홀(Via Hole)이 만들어 지는데 관통 홀을 메꾸는 물질은 금속을 사용하는데 주로 텅스텐(W)을 사용한다. 공정 마다 사용되는 포토마스크는 각각의 층(Layer) 용도에 맞는 전용 포토마스크를 사용하게 된다. 최종적으로 소자를 외부 환경으로부터 보호하기 위한 보호막 절연층(Passivation Layer)을 증착한 후 칩 외부와의 전기적 연결을 위한 패드(Pad)를 만들면 칩 가공이 완성된다. 가공이 완성된 웨이퍼 상태에서 모든 칩을 전기적으로 검사하여 양품과 불량품을 선별하는 프루브 테스트(Probe Test) 검사 공정을 통과하면 모든 전공정(Front-End Process)이 끝나게 된다. 각각의 단위공정에 대한 설명은 다음 장에서 한다.

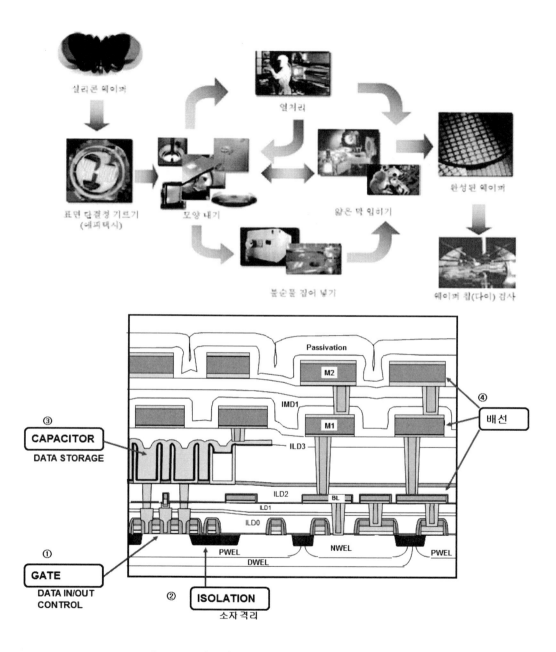

실리콘 웨이퍼

표면 단결정 기르기
(에피택시)

모양 내기

열처리

불순물 집어 넣기

얇은 막 입히기

완성된 웨이퍼

웨이퍼 칩(다이) 검사

③
CAPACITOR
DATA STORAGE

①
GATE
DATA IN/OUT
CONTROL

②
ISOLATION
소자 격리

④
배선

Passivation

M2

IMD1

M1

ILD3

ILD2

ILD1

ILD0

BL

PWEL

NWEL

PWEL

DWEL

그림 1.6.1 반도체 칩 가공 과정

2장

반도체 제조 단위 공정

반도체를 제조하기 위해서는 포토마스크를 사용하는 포토리소그래피 공정을 중심으로 크게 8가지 단위 공정들이 반복하여 진행하게 된다. 그 8가지 공정을 8대 공정이라 불리는데 이들 공정을 열거하면 포토리소그래피(Photo Lithography) 공정, 식각(Etch) 공정, 확산(Diffusion) 공정, 이온 주입(Ion Implantation) 공정, 박막 공정 중 화학기상증착(CVD; Chemical Vapor Deposition) 공정, 박막 공정 중 물리기상증착(PVD; Physical Vapor Deposition) 공정, 세정(Cleaning) 공정, 평탄화(CMP; Chemical Mechanical Polishing) 공정으로 분류된다. 이 들 각각의 공정을 최적화 하여야만 양품의 칩을 제조할 수 있고 원하는 수율(Yield)을 확보할 수 있게 된다. 따라서 이들 8대 공정을 이해하는 것이 매우 중요하다.

2.1 포토리소그래피(Photo Lithography) 공정

흔히 사진(Photo) 공정이라고도 불리며 반도체 제작의 핵심 공정이다. 반도체를 제작하기 위하여서는 여러 층(Layer)들을 쌓으면서 진행하게 되는데 그 각각의 층 단계 마다 별도의 포토 마스크(Photo Mask)를 사용하여 사진 공정이 진행된다. 사진 공정을 진행하는데는 크게 다음 3단계를 거치게 되는데 첫 번째 단계는 감광액(Photo Resist) 도포 (Coating)공정이며 두 번째 단계는 감광액 위에 자외선을 쏘여주는 노광(Exposure) 공정이며 세 번째 단계는 감광액을 현상(Develop) 하는 공정으로 이루어지게 된다. 공정이 끝나면 공정의 완성도 검사를 위해 원하는 수치(CD; Critical Dimension) 검사, 정렬도 (Overlay) 검사, 결함(Defect) 검사 등을 수행하게 된다. 이들 공정에 대하여 자세히 살펴보도록 한다.

첫 단계인 감광액 도포 공정은 웨이퍼 위에 포토레지스트라는 감광액을 바르는 공정인데 감광액을 바르는 공정이 이루어지는 장비는 트랙(Track)이라는 장비에서 이루어진다. 트랙의 코터(Coater) 안으로 웨이퍼를 넣기 전에 웨이퍼와 포토레지스트간의 접착력을 증진시키기 위하여 HMDS(Hexa Methyl Di Silazane)를 기체화하여 웨이퍼 위에 뿌려 주어 웨이퍼 표면의 OH기를 치환시켜 웨이퍼 표면을 소수성으로 만들어 웨이퍼와 포토레 지스트 사이의 접착력(Adhesion)을 증가시킨다. 이 후 웨이퍼는 포토레지스트 도포를 위하여 트랙 내의 코터(Coater) 유닛으로 이송되어 진다. 포토레지스트(감광액)는 노즐 (Nozzle)을 통하여 웨이퍼 위에 분사되고 웨이퍼는 코터 내의 스핀들(Spindle)위에서 고속으로 회전하면서 웨이퍼 중심에 분사된 포토레지스트가 원심력에 의해 웨이퍼 전면에 균일하게 도포(Coating)되게 된다. 포토레지스트의 두께는 스핀들 회전수, 포토레지스트 의 점도(Viscosity)에 의해 결정되며 포토레지스트 온도, 습도, 배기압에 의하여 두께 균일도가 결정된다. 포토레지스트는 빛에 반응하는 감응제(PAC; Photo Active Compound), 고형제(Resin), 포토레지스트를 액상으로 유지시켜주기 위한 유기 용제 (Solvent)로 구성되어 있다. 원하는 포토레지스터의 두께와 균일도를 얻기 위해서는 포토레지스트의 점도와 스핀들의 회전 속도(RPM)와 온,습도 등 코터 내의 환경을 적절히 조절하는 것이 필수적이다. 도포가 완료된 웨이퍼는 이후 Soft Bake 공정을 통하여 도포된 포토레지스트내의 Solvent를 휘발 시킨 후 웨이퍼를 쿨링(Cooling)하는 것으로 도포 공정을 마친다. 도포 공정을 마친 웨이퍼는 두 번째 단계인 노광 공정을 위하여 노광기 (Exposure Tool)로 들어가 노광 공정을 진행하게 된다. 노광기는 주로 스테퍼(Stepper)나 스캐너(Scanner)가 사용되어 진다. 노광기내에서 이루어지는 노광 공정은 자외선을 만드 는 광원(Light Source)을 이용하여 반도체 회로 패턴이 그려진 포토마스크를 통과한 자외선이 투영 렌즈(Projection Lenz)를 통하여 포토레지스트가 도포된 웨이퍼위에 전사 되게 하는 과정이다. 통상 포토마스크 패턴의 4분의 1정도 크기로 축소 투영되어 진다.

노광 공정에서 중요한 공정 변수로는 해상도(Resolution) 와 초점 심도(DOF; Depth of Focus) 가 있다. 해상도와 밀접한 관계가 있는 것은 광원의 파장(Wave Length) 과 투영 렌즈의 개구수(Numerical Aperture) 이며 파장이 짧은 광원을 사용할수록, 개구수가 큰 렌즈를 사용할수록 해상도가 좋아진다. 그러나 초점심도(DOF)는 광원의 파장이 짧아질 수록 개구수가 클수록 나빠지므로 해상도와 초점심도 사이에는 역비례 관계로 트레이드 오프(Trade- Off) 관계가 있으므로 공정 진행시 이점을 유의하여 진행하여야 한다. 노광이 끝난 웨이퍼는 마지막 단계인 현상(Develop) 공정을 진행하기 위해 다시 트랙 장비로 이송된다. 현상을 위해서는 트랙 장비 내 디벨로퍼(Developer) 유닛으로 이송되는데 디벨로퍼에 이송 전에 노광 공정에서 발생한 포토레지스트 단면의 정상파(Standing Wave) 모양을 없애 주기 위해 PEB(Post Expose Bake) 유닛(Unit)에서 열을 가하여 정상파 단면을 직선에 가깝게 수정하여 준다. 이 후 웨이퍼를 쿨링시킨 후에 디벨로퍼 유닛으로 웨이퍼를 이송하여 빛을 받은 포토레지스트를 TMAH(Tetra Methyl Ammonium Hydroxide)라는 알칼리성 현상 용액을 물과 희석시켜 웨이퍼 위에 노즐을 통하여 분사시켜 주어 감광된 포토레지스트를 제거시켜 준다. 이 과정에서 과다하게 현상할 경우 패턴의 크기가 작아지고, 현상이 부족할 경우는 포토레지스트가 잔류하거나 패턴의 크기가 작아지게 됨으로 주의하여야 한다. 따라서 현상 시간, 현상 온도, 현상액의 농도 제어에 유의하여야 한다. 이와 같이 포토레지스트 현상 공정이 끝나면 최종적으로 패터닝 된 포토레지스트 내의 잔존하는 용매(Solvent)를 날려주고 포토레지스트의 최종 모양을 만들어 주기 위해 Hard Bake를 실시한 후 실온으로 쿨링 시킨 다음 웨이퍼를 트랙에서 언로딩(Unloading)하여 다음 공정으로 보낸다.

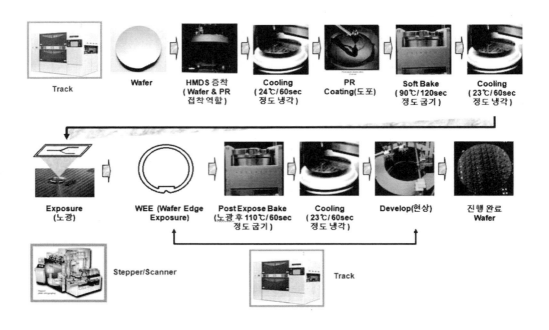

그림 2.1.1 포토리소그래피 공정 흐름도

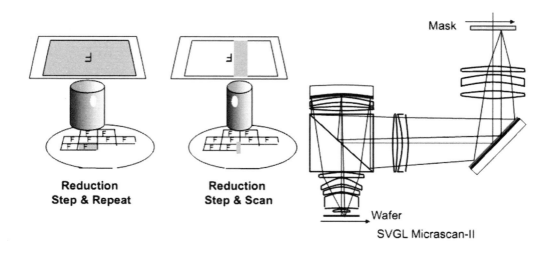

그림 2.1.2 축소투영 노광기(Stepper & Scanner)

2.2 식각(Etching) 공정

사진공정(포토리소그래피공정)이 완료된 웨이퍼는 다음 공정인 식각 공정으로 통상 넘어간다. 식각 공정이란 웨이퍼 표면에 원하는 회로 패턴을 만들어 주기 위해 화학 물질(Chemical) 이나 반응성 가스(Gas)를 사용하여 사진 공정에서 포토레지스트가 제거된 부분에 식각 물질을 침투시켜 하부 물질(일반적으로 박막)을 제거시키는 공정을 말한다. 식각의 종류에는 화학 물질을 사용하는 습식 식각(Wet Etching)과 반응성 가스를 사용하는 건식 식각(Dry Etching)으로 크게 나눌 수 있다. 습식식각의 특성은 등방성 식각(Isotropic Etching) 특성을 나타낸다. 등방성 식각이란 식각 반응이 수직 방향과 수평 방향으로의 식각이 동시에 같은 식각율(Etch Rate)을 가지며 일어나는 특징을 갖는다. 습식 식각의 장점으로는 식각 반응시 원하는 식각 대상물 외에는 식각이 잘 일어나지 않아 식각 선택비(Selectivity)가 매우 우수한 반면에 등방성 식각 프로파일로 식각 후 패턴 치수(CD; Critical Dimension)가 손실(loss)되는 경향이 있다. 반면에 건식 식각의 특성은 이방성 식각(Anisotropic Etching) 특성을 나타낸다. 이방성 식각이란 식각 반응이 수직 방향으로만 일어나고 수평 방향으로는 거의 일어나지 않는 특징을 가진다. 건식 식각의 장점으로는 이러한 식각 프로파일을 갖는 특성으로 인하여 식각 후 패턴 치수의 손실이 거의 없다. 반면에 습식 식각에 비하여 상대적으로 식각 선택비가 떨어지는 단점을 갖고 있다. 최근에는 반도체 칩 사이즈가 점점 작아짐에 따라 패턴 폭이 따라서 작아지는 경향으로 인하여 CD 손실이 거의 없는 건식 식각을 주로 사용한다. 다만 일부 산화막 식각이나 질화막 식각, 포토레지스트 잔류막 제거 등에는 아직도 습식 식각을 사용하기도 한다. 이에 최근에 많이 사용하는 건식 식각에 대하여 좀 더 자세히 살펴 보기로 한다.

건식 식각 과정을 설명하면 식각 대상 물질과 반응하는 가스를 가스 공급 장치를 통하여 공정 챔버(Process Chamber)내로 주입시킨 후 챔버 내에 전기장(경우에 따라서는 자기장도 함께 인가)을 인가하여 챔버 내의 가스에 플라즈마(Plasma)를 발생시키면 가스는 이온(Ion), 라디칼(Radical), 전자(electron) 상태로 변화되며 이들 이온과 라디칼이 건식 식각 반응에 기여하게 된다. 플라즈마 발생 장치를 RF(Radio Frequency) Generator라고 하며 통상 교류 13.56MHz 주파수를 갖는다. 플라즈마 소스(Source)는 주로 CCP(Charge Coupled Plasma) 또는 ICP(Inductively Coupled Plasma) 방식을 주로 사용한다. 또한 플라즈마 발생장치인 RF Generator에서 공급된 Power가 손실 없이 Chamber에 전달되도록 RF Generator와 공정 Chamber 사이에 RF 정합장치(Matcher)를 장착한다. 건식 식각 메커니즘은 크게 화학적 식각(Chemical Etching), 물리적 식각(Physical Etching), 이온 반응성 식각(Reactive Ion Etching; RIE)으로 구분할 수 있다. 화학적 식각은 주로 플라즈마 상태에서 발생한 라디칼(Radical)이라는 여기(excitation)된 중성 원자 또는 분자들이 웨이퍼 상 식각 대상 물질(주로 박막층)과 화학적 결합을 일으켜 휘발성 화합물로 치환되어 떨어져 나가면서 식각이 일어나는 원리이다. 반면에 물리적 식각은 주로 플라즈마 상태에서 발생한 이온(Ion)들이 웨이퍼 상 식각 대상 물질(주로 박막층)을 물리적인 충돌 에너지를 가하여 식각 부분을 떼어 내는 원리이다. 이온 반응성 식각은 화학적 식각과 물리적 식각을 동시에 이용하는 식각 방법으로 화학적 식각, 물리적 식각만 단독으로 일어나는 경우보다 훨씬 반응성이 좋아 식각률(Etch Rate)이 높아진다. 이렇게 크게 3가지 식각 원리를 통하여 식각이 일어난다. 식각 과정에서 발생한 화합물들은 가스 상태로 진공 펌프를 통해 공정 챔버 밖으로 배출이 되며 배출된 가스들은 스크러버(Scrubber)라는 정화 장치를 통해 정화된 후 대기로 방출된다.

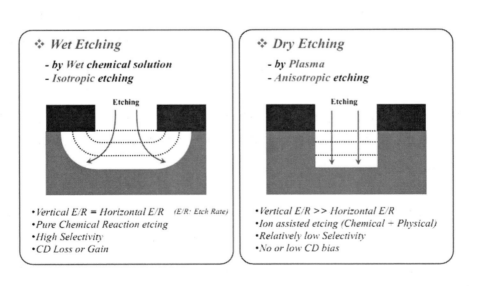

그림 2.2.1 식각 종류(습식 식각과 건식 식각)

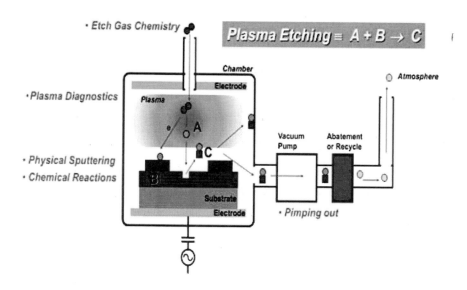

그림 2.2.2 건식 식각 시스템

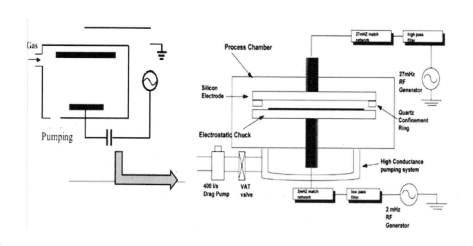

그림 2.2.3 플라즈마 소스 (CCP)

2.3 확산(Diffusion) 공정

확산(Diffusion)이란 의미는 원자나 분자 등의 물질이 퍼지는 현상을 말하는데 확산이 이루어진다는 의미는 농도가 높은 곳에서 낮은 곳으로 물질이 이동한다는 의미이다. 따라서 확산이 일어나기 위해서는 농도 구배(기울기;Gradient)가 있어야 하며 또한 확산이 일어나기 위해서는 에너지가 필요하다. 반도체 제조 공정에서 확산이 일어나는데 필요한 에너지는 열에너지(Thermal Energy) 이다. 반도체 제조 공정에서의 확산 공정은 크게 둘로 나눌 수 있는데 가장 대표적인 것이 열 산화(Thermal Oxidation) 공정이고 두 번째가 불순물 확산 (Impurity Diffusion)공정이다. 먼저 열 산화 공정에 대하여 알아보자. 열 산화는 산소(O_2)나 수증기(H_2O)와 같은 산화제(Oxidant)를 공정 챔버(통상 Diffusion Furnace라 불리는 확산로 내 석영 튜브(Quartz Tube))내로 가스(gas) 형태로 주입시킨 후 확산로 내를 고온(통상 800~1,000℃)으로 올려 이들 산화제가 열 확산에 의하여 실리콘 웨이퍼와 반응을 하여 산화막(oxide film; SiO_2)을 형성한다. 산화 방법은 산화제의 종류에 따라 달라진다. 산화제로 순수한 산소(O_2)를 사용하는 방법을 건식 산화(Dry Oxidation)라고 하며, 산소(O_2)와 수소(H_2)를 혼합하여 수증기(H_2O)를 만들어 사용하는 방법을 습식 산화(Wet Oxidation)이라 한다. 통상 습식 산화 방법이 건식 산화 방법에 비해 산화 성장 속도(Oxidation Growth Rate)가 높은 반면 막질의 밀도(Density)는 건식 산화에 비하여 다소 떨어진다. 산화 속도는 건식 산화, 습식 산화 모두 온도 의존성을 갖는데 온도가 높아지면 산화 속도가 증가한다. 또한 산화 속도는 웨이퍼 기판의 결정 방향에 따라서도 달라지는데 통상 결정 방향이 (111)경우가 (100) 경우 보다 산화 속도가 다소 높다. 또한 산화 속도는 공정 챔버내의 압력에 따라서도 차이가 있는데 압력이 낮은 경우 보다 압력이 높은 경우가 산화 성장 속도가 빠르다. 확산로로는 과거에는 수평확산로(Horizontal Diffusion Furnace)를 사용하였는데 최근에는 거의 대부분의 경우 수직확산로(Vertical Diffusion Furnace)를 사용한다. 수직확산로를 사용하면 클린룸 내 장비 점유 면적을 줄일 수 있고, 웨이퍼 위에 형성되는 자연 산화막(Native Oxide)의 발생도 줄일 수가 있어 산화막 품질도 수평확산로를 사용한 것과 비교하여 우수하게 제어할 수 있는 장점이 있다.

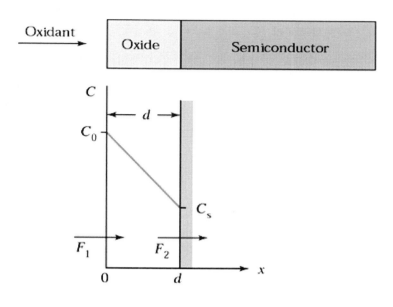

그림 2.3.1 열 산화 모델

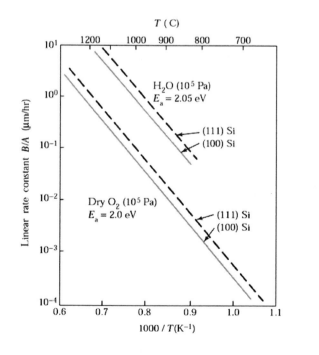

그림 2.3.2 산화 성장 속도와 온도 상관관계

이번에는 두 번째 확산 공정인 불순물 확산(Impurity Diffusion)에 대해 살펴보자. 반도체에서의 불순물 확산이란 대표적인 n-type 불순물인 인(P; Phosphorous) 이나 비소(As; Arsenic), 대표적인 p-type 불순물인 붕소(B; Boron)와 같은 물질을 실리콘 웨이퍼에 의도적으로 주입하는 것을 말한다. 이러한 불순물이 들어가야 반도체가 전기적으로 활성화(Activation)가 되는 것이다. 이러한 불순물을 웨이퍼에 침투 시키는 방법에는 크게 두 가지 방법이 있는데 그 첫 번째 방법이 불순물 확산 방법이고, 두 번째 방법이 다음 2.4 이온주입 공정에서 소개할 이온주입(Ion Implantation) 방법이다. 불순물 확산 방법은 불순물을 고체 또는 액체 또는 가스 상태로 확산로 (Diffusion Frurnace)내로 주입시킨 후 고온의 열에너지를 가하면(통상 800~1200℃) 처음에는 불순물들이 웨이퍼 표면에 일정한 농도로 증착이 일어나고(pre-deposition) 이 후 점차 시간이 경과하면서 시간에 따라 불순물이 실리콘 웨이퍼 내부로 확산이 일어난다(drive-in). 확산되는 깊이와 농도는 각각 불순물 종류, 불순물 농도, 확산로 내의 온도와 확산 시간의 함수이며 통상 온도가 높고 시간이 길수록 확산 깊이가 깊어진다. 불순물 종류에 따라 확산되는 정도(확산 계수; D; Diffusion Coefficient)도 다르다. 따라서 이들 확산과 연관되는 변수(Parameter) 들을 잘 제어하면 확산 농도와 확산 깊이를 잘 제어할 수 있다. 확산의 농도와 깊이는 각각 4-포인트 프루브(4-point probe)와 SIMS(Secondary Ion Mass Spectroscopy)라는 계측 장치를 사용하여 면저항(Sheet Resistance) 및 불순물 분포를 측정할 수 있다.

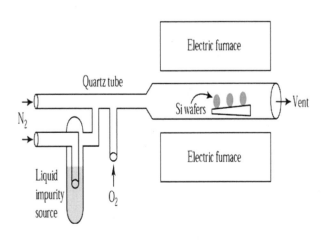

그림 2.3.3 불순물 확산 장치 개념도

2.4 이온 주입 (Ion Implantation) 공정

 이온 주입(Ion Implantation)이란 불순물을 함유한 가스를 이온 상태로 추출한 후 이를
빔(Beam) 형태로 만들어서 이온에 고전압을 걸어서 이온에 운동에너지(Kinetic Energy)
를 실어서 빔을 가속(Acceleration)시켜서 실리콘 웨이퍼 내부로 침투시키는 불순물
주입 방법을 말한다. 확산로에서 진행하는 불순물 확산 방법에 비하여 저온에서 진행할
수 있고, 진공 상태에서 진행되므로 오염의 위험이 덜하며, 측면 확산(Lateral Diffusion)
이 발생하지 않기 때문에 원하는 지역만 불순물 주입을 정교하게 제어할 수 있는 장점이
있다. 하지만 열확산 방법에 비하여 장비가 고가이며 이온에 에너지를 주어 실리콘 웨이퍼
내의 격자를 이루는 원자들과 충돌하므로 이로 인하여 실리콘의 격자 손상을 가져오는
단점이 있다. 그러나 이러한 단점에도 불구하고 최근에는 정교한 이온 주입 제어가 가능하
다는 장점 때문에 불순물 주입은 주로 이온 주입 공정으로 진행하고 있다. 이온 주입에
있어서 중요한 제어 요소는 정확히 원하는 불순물 원소(도판트(dopant)라고 칭함)를
추출하여 원하는 불순물 농도로 원하는 깊이만큼 웨이퍼 전면에 균일하게 주입하는 것이라
할 수 있다. 이를 위해서는 이온 주입 공정의 공정 파라미터(parameter)들을 잘 제어하여야
한다. 깊이 제어를 위해서는 이온을 가속시키는데 필요한 에너지(가속전압과 전하수의
곱)를 잘 제어하여야 하며 일반적으로 동일 도판트(dopant)의 경우 가속 에너지를 높이면
이온 주입 깊이를 깊게 할 수 있으며 얕은 주입을 원하면 가속 에너지를 낮추면 된다.
통상 가속 에너지는 10~800 eV 범위이다. 물론 매우 깊은 곳에까지 주입하는 경우에는
MeV 범위에서도 진행하기도 한다. 또한 도판트 종류에 따라 같은 에너지를 주더라도
주입 깊이가 달라진다. 일반적으로 가벼운 도판트 경우가 무거운 도판트의 경우에 비해
같은 에너지를 인가하였을 때 더욱 깊이 들어간다. 또 하나 중요한 공정 파라미터인
불순물 농도는 통상 도즈(Dose)라고 표현하는데 이는 단위면적당 주입되는 이온의 개수를
말하며 도즈는 전기적인 값인 빔전류(Beam Current)로 제어할 수 있는데 빔전류는 단위
시간 당 주입 이온수와 정비례 관계에 있다. 즉 빔전류를 높이면(High Current) 불순물
농도를 높일 수가 있고 빔전류를 낮추면(Medium Current) 불순물 농도를 낮출 수 있다.
통상 빔전류는 mA단위로 나타낸다. 불순물 주입 농도는 원하는 지역의 농도 규격치
(Specification)에 따라 빔전류와 주입 시간을 제어하면 된다.

이온주입에 의해 형성되는 농도 분포는 이온이 운동 에너지를 갖고 실리콘 격자 속으로 들어가면서 격자들과 충돌 및 산란에 의해 저항을 받다가 결국에는 운동에너지가 소멸되며 멈추게 된다. 이런 과정에서 이온은 실리콘 웨이퍼 내로 직진으로 똑바로 들어가지 못하고 충돌에 의한 궤적을 그리는데 이 이온이 그리는 궤적을 R(Range)이라고 하며 궤적이 웨이퍼 표면과 수직한 거리를 투영거리 Rp (Projection Range)라고 한다. Rp를 중심으로 이온 농도의 분포는 가우시안(Gaussian) 분포를 이룬다, 다만 일부의 이온들은 실리콘 격자와의 충돌이 없이 뚫고 들어가 원하는 깊이보다 깊숙한 거리까지 침투하는 경향이 있는데 이러한 경향을 채널링(Channeling)이라고 한다. 이러한 채널링 현상이 많이 생기면 농도 분포가 원하는 깊이 이상으로 되므로 스펙 범위를 벗어나게 된다. 따라서 이를 방지하는 노력이 필요하다. 여러 가지 방법이 있는데 가장 대표적인 방법이 웨이퍼를 기울여서 이온을 주입하여 이온의 채널링을 방지하는 것이다.

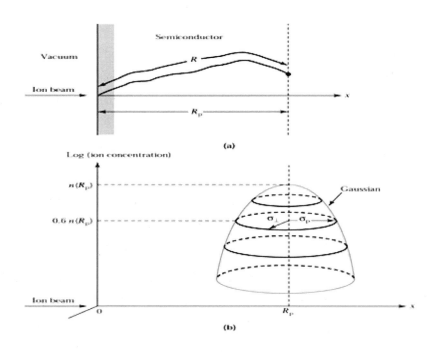

그림 2.4.1 이온 주입 궤적 및 이온 농도 분포도

이온 주입 공정에 문제점은 이온 주입과정에서 발생하는 격자 손상(Lattice Damage) 문제이다. 이온이 운동에너지를 가지고 실리콘 격자와 충돌하면서 실리콘 격자에 손상(Damage)을 주어 격자 위치 의 변형 등 격자 결함을 발생시킨다. 이러한 격자 결함은 이온의 질량이 클 경우 더욱 심각한 손상을 가져온다. 이러한 격자 손상이 일어나게 되면 아무리 불순물들이 주입되어도 전기적으로 활성화가 되지 못한다. 따라서 이러한 격자 손상을 이온 주입 전 상태로 복구를 시켜주어야만 주입된 불순물들이 전기적으로 활성화(Electrically Activation)가 된다. 이러한 손상된 격자를 원래 상태로 만들어주기 위하여서는 열처리(Thermal Annealing)가 반드시 필요하다. 열처리 방법은 크게 두 가지로 나눌 수 있다. 첫 번째 방법은 수직 확산로(Vertical Diffusion Furnace)를 사용하는 방법이다. 800~1000℃ 의 고온에서 장시간(약 4~6시간 정도) 열처리를 하여 복구하는 방법이다. 두 번째 방법은 RTP(Rapid Thermal Processor)라는 급속 열처리 시스템을 사용하는 방법으로 할로겐 램프를 가열하여 고온에서(약 1000℃ 이상) 수~수십 초 동안의 짧은 시간 안에 열처리를 하는 방법이다. 수직 확산로를 사용하는 경우보다 시간이 짧고, 도판트의 2차 확산을 방지할 수 있다는 장점 때문에 최근에는 이 방법이 수직 확산로를 이용하는 방법보다 많이 쓰인다.

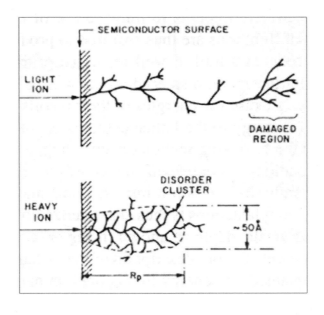

그림 2.4.2 이온 주입에 의한 격자 손상도

2.5 박막(Thin Film) 공정 - 화학기상증착(Chemical Vapor Deposition) 공정

박막이란 얇은(Thin) 막(Film)을 웨이퍼 상에 증착(Deposition) 하는 공정으로 크게 두 가지 방법으로 나눌 수 있는데 그 첫 번째 방법이 화학기상증착(CVD; Chemical Vapor Deposition) 방법이고, 두 번째 방법이 물리기상증착(Physical Vapor Deposition) 방법이다. 이들 박막의 용도는 주로 절연체 또는 금속 전도체로 주로 사용되어 진다. 이번 챕터에서는 화학기상증착에 대하여 알아보도록 한다.

화학기상증착(CVD)이란 화학 반응 가스를 공정 챔버내로 주입하여 챔버 내에서 반응 기체들이 화학적으로 반응하여 기판 위에 박막 형태로 증착하는 방법이다. 이 방법은 두께 조절이 용이하고 박막의 피복 형태(Step Coverage)가 우수하여 여러 종류의 절연막 과 금속 박막을 형성하는데 사용된다. 박막 공정이 일어나는 공정 챔버내의 압력 및 방식에 따라 크게 APCVD(Atmospheric Pressure CVD), SACVD(Sub-Atmospheric Pressure CVD), LPCVD(Low Pressure CVD), PECVD(Plasma Enhanced CVD)로 나눌 수 있다. 이들 방법은 모두 반응 가스들을 분해하기 위한 반응 에너지 소스(Source)로 열 에너지(Thermal Energy)를 사용하며 특히 PECVD 방법은 열 에너지에 더하여 플라즈 마(Plasma)를 추가 에너지 소스로 사용한다. 각 방식의 특징을 살펴보면 APCVD 방식은 대기압(760 Torr) 상태에서 진행하며 주입되는 화학 가스들의 반응이 다른 방식보다 높아서 빠른 시간내에 증착이 이루어진다. 즉, 증착 속도(Deposition Rate)가 빠른 장점이 있다. 반면에 박막의 피복 상태가 다른 방식에 비해 떨어지고, 막의 밀도(Density)가 치밀하지 못하며, 파티클(Particle) 발생으로 인한 오염(Contamination) 문제를 야기 시킬 수 있는 단점이 있다. 이를 극복하기 위하여 APCVD 방식보다 다소 낮은 압력(~수 Torr 범위)에서 진행하는 SACVD가 있다. 이는 APCVD 장점을 살리면서도 APCVD 단점을 보완할 수 있는 방법으로 APCVD 대안 공정으로 주로 사용된다. LPCVD 방식은 반응 원리는 APCVD나 SACVD와 유사하나 이들 방법보다 훨씬 챔버 안의 압력을 낮춰(수 십~수백 mTorr 범위)서 사용한다. 압력을 낮추게 되면 챔버 내의 반응 가스들의 평균자유 행로(Mean Free Path) 가 길어져서 반응 가스들이 패턴 깊숙한 곳까지 침투하여 박막을 균일하게 입힐 수 있는 장점이 있어 많이 사용된다. 압력을 낮추기 위해서는 진공 펌프 (Vacuum Pump)를 공정 챔버와 연결시켜서 챔버내의 압력을 원하는 압력으로 제어할 수 있다. 또한 공정 챔버내의 반응하고 남은 잔여 부산물도 진공 펌프를 이용하여 함께 배출할 수 있기 때문에 파티클 발생 등 오염원을 제거할 수 있는 장점이 있다. PECVD 방식은 플라즈마를 사용하여 반응 가스를 이온화 시켜서 반응성을 좋게 할 수 있으며 LPCVD에 비하여 챔버내의 공정 압력은 비슷하나 LPCVD 경우(300~900℃) 보다 저온 (300~400℃)에서 공정을 진행할 수 있는 장점이 있다. 다만 PECVD 방식은 LPCVD 방식에 비하여 공정 제어에 필요한 파라미터들이 많고 시스템 구성이 복잡하다는 단점이 있다. PECVD 방식 중 플라즈마의 밀도를 높여서 사용하는 HDP(High Density Plasma CVD) 방식 개발되어 사용되고 있는데 이 방식은 증착(Deposition)과 식각(Etching)을 번갈아 가며 진행하여 단차의 피복성을 개선하는 데 효과적으로 사용되고 있다.

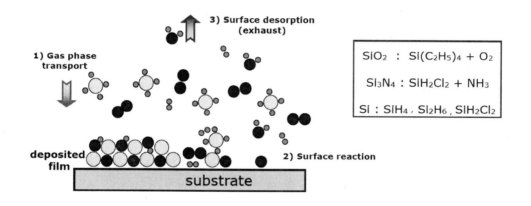

그림 2.5.1 CVD 증착 메커니즘 모식도

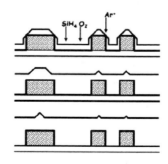

그림 2.5.2 HDPCVD 증착 후 프로파일 모식도

2.6 박막(Thin Film) 공정 – 물리기상증착(Physical Vapor Deposition) 공정

박막 증착의 두 번째 방법이 물리기상증착(Physical Vapor Deposition) 방법이다. 이번 챕터에서는 물리기상증착에 대하여 알아보도록 한다. 물리기상증착 방법에는 크게 둘로 나뉠 수 있는데 첫 번째 방법이 스퍼터링(Sputtering) 이란 방법이다. 스퍼터링 이란 '튀기다'라는 뜻으로 타겟(Target)이라 불리는 원통형 고체의 덩어리 표면이 장착된 (타겟은 주로 챔버내의 음극 전극에 연결된다) 공정 챔버내에 강한 전기장(DC 또는 RF를 이용하며 추가적으로 자석(Magnet)을 이용하기도 한다)을 걸어서 챔버 내에 주입된 기체(주로 아르곤(Ar))를 플라즈마 상태로 만들어 이온화된 Ar^+ 원자가 타겟 표면 방향으로 강한 운동 에너지를 가지고 가속되면서 타겟 표면과의 충돌에 의해 그 타겟의 표면에 있는 원자나 분자를 타겟 표면 밖으로 튀어나오게 하는 현상을 말한다. 타겟 물질은 웨이퍼 기판에 증착될 물질로 이루어져 있으며 스퍼터링된 타겟의 원자 나 분자는 직진성을 갖고 웨이퍼 위에 눈이 쌓이듯 증착된다. 공정 챔버내에는 이들 원자나 분자의 직진성을 좋게 할 수 있도록 고진공 펌프(Cryogenic Pump)를 사용하여 챔버내를 고진공 상태로 만든다. 원자나 분자의 직진성을 좋게 하게 되면 단차가 깊은 형태에서도 증착 상태가 균일하게 일어나게 할 수 있는 장점이 있다. 스퍼터링이 일어날 때 Ar^+ 이온은 타겟과의 충돌에 의해 대부분은 타겟에 박혀 열로서 손실되고 일부 Ar^+ 이온만이 타겟 입자를 떼어내는데 기여를 한다. 이러한 기여를 스퍼터링 효율이라고 하는데 생산성을 높이기 위해서는 스퍼터링의 효율을 높이는 것이 매우 중요하다.

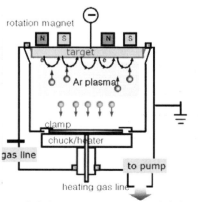

그림 2.6.1 스퍼터링(Sputtering) 증착 메커니즘 모식도

두 번째 방법은 진공 증발법(Vacuum Evaporation)이란 방법이 있다. 진공 증발법은 웨이퍼 기판에 증착할 박막과 동일한 재료(Source)를 고체 또는 액체 상태로 용기에 담아 이 재료를 열(Thermal)이나 전자 빔(Electron Beam)을 사용하여 기화(Evaporation) 시킨 후 기화된 재료를 웨이퍼 기판위에 증착시키는 방법이다. 용기 내 물질의 용융점이 낮은 물질(예:금(Au))은 주로 열을 사용하여 증착하고(Thermal Evaporation), 용융점이 높은 물질(예;텅스텐(W))은 주로 전자 빔을 사용하여 증착한다 (E-Beam Evaporation). 증발이 일어나는 공정 챔버는 고진공 펌프를 이용하여 고진공 상태로 만들어 증착 과정에서의 직진성을 좋게 하고 오염을 방지할 수 있도록 한다.

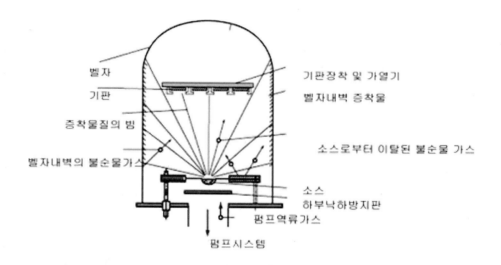

그림 2.6.2 진공 증발(Vacuum Evaporation) 증착 메커니즘 모식도

2.7 세정(Cleaning) 공정

세정 공정이란 실리콘 웨이퍼 위에 묻은 각 종 오염물(Contaminant)을 제거하는 공정이다. 오염원에는 파티클(Particle), 유기물, 무기물, 금속 이온, 자연산화막(Native Oxide) 등 여러 가지 종류가 있다. 이들 ,오염물의 근원은 사람, 장비, 공정, 공정에 사용되는 각 종 재료 물질, 화학 약품이나 가스, 대기 등등 여러 가지 원인으로부터 발생할 수 있다. 이들 오염원에 웨이퍼가 노출되면 각 공정에서의 품질 저하 및 공정이 끝난 후 반도체 제품의 품질(수율이나 신뢰성 등)에 나쁜 영향을 미치므로 반드시 사전에 제거되어야 한다. 이들 오염은 반도체 공정 진행 전이나 공정 진행 과정 중이나 공정 진행 후에 발생할 수 있는데 이들 오염원을 효과적으로 제거하기 위하여 각 공정 진행 전과 진행 후에 세정 공정을 진행한다. 세정 공정은 크게 습식 세정(Wet Cleaning) 방식과 건식 세정(Dry Cleaning) 방식이 있다. 습식 세정 방식은 화학 용액(Chemical Solution)을 사용하여 웨이퍼의 오염 물질을 제거하는 방법으로 오염물 종류에 따라 각각 이에 맞는 화학 용액, 예를 들면 황산(H_2SO_4), 질산(HNO_3), 불산(HF), 염산(HCL), 암모니아수(NH_4OH)등을 사용하게 된다. 습식 세정의 순서(Sequence)는 통상 적절한 온도와 농도에서 화학 용액 처리를 한 후 초순수로 웨이퍼를 세척하고 이 후 마지막으로 웨이퍼를건조(Dry) 시키는 과정을 거친다. 건식 세정은 플라즈마나 UV(Ultra Violet) 또는 염소(Cl; Chlorine)등의 가스를 이용하여 웨이퍼의 오염물을 제거하는 방법이다. 일반적으로 건식 세정 보다는 세정 능력이 뛰어난 습식 세정이 주로 사용되며 건식 세정은 습식 세정을 보완하는 정도로 사용되어진다. 습식 세정의 세정 원리는 크게 3가지 메커니즘으로 나눌 수 있는데 첫 번째가 용해(Dissolution) 방식이고, 이 방식은 오염원을 분해하여 녹이는 방식으로 주로 황산(H_2SO_4)이나 염산(HCL)을 과산화수소수(H_2O_2)와 적정 비율로 희석시켜 사용한다. 두 번째 메커니즘은 표면 리프트 오프(Lift-Off) 방식으로 웨이퍼 표면층에 묻혀있는 오염원을 묻혀있는 표면층 아래까지 식각하여 오염원을 제거하는 방식으로 주로 불산(HF) 이나 암모니아수(NH_4OH)를 초순수나 초순수와 과산화수소수를 적절한 비율로 희석시켜 사용한다. 마지막 세 번째 메커니즘은 웨이퍼 표면에 묻은 오염물을 물리적으로 박리시키는 방법으로 주로 브러시(Brush) 스크럽(Brush Scrub)이나 초음파 메가소닉(Megasonic) 진동을 사용하여 오염원을 떼어내는 방식이다.

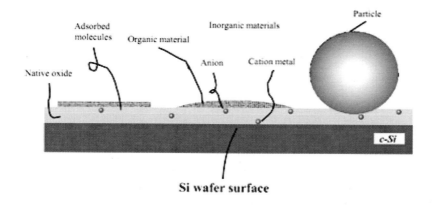

그림 2.7.1 대표적인 오염원의 종류

그림 2.7.2 화학 용액 및 메가소닉을 사용한 습식 세정

습식 세정을 하는 방식에는 크게 두가지로 나눌 수 있는데 하나는 뱃치(Batch) 세정 방식이고 또 하나는 매엽(Single) 세정 방식이다. 뱃치 방식은 웨이퍼들을 25장이나 50장을 한꺼번에 조(Bath)에 넣고 동시에 세정하는 방식이고, 매엽 방식은 웨이퍼를 한 장 한 장씩 낱장으로 세정하는 방식이다. 뱃치 방식은 매엽 방식에 비하여 생산성

(Throughput)이 우수하고 화학 약품 사용량이 적다는 장점이 있는 반면에, 장비가 커서 클린룸 면적을 많이 차지하며, 파티클(Particle) 오염(Contamination)에 취약하다는 단점이 있다. 매엽 방식은 생산성(Throughput)이 떨어지고 화학 약품 소모량이 많다는 단점이 있으나 파티클 오염에 강하다는 장점이 있다. 패턴의 미세화가 진행되면서 최근에는 매엽 방식 세정이 점점 늘어나는 추세이다.

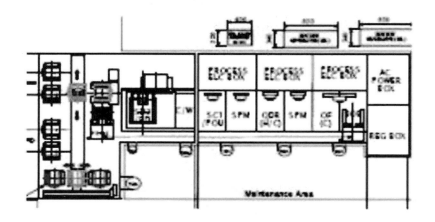

그림 2.7.3 뱃치(Batch) 방식 세정

그림 2.7.4 매엽(Single) 방식 세정

2.8 CMP(Chemical Mechanical Polishing) 평탄화(Planarization) 공정

반도체 공정에서 평탄화(Planarization) 공정이란 웨이퍼 위에 증착된 막 표면의 굴곡을 평평하게 만드는 공정이다. 반도체 패턴이 미세화가 되면서 포토리소그래피의 노광공정에서 해상도 향상을 위하여 파장이 짧은 광원을 사용하다 보니 노광 대상 웨이퍼의 표면이 조금만 굴곡이 발생하여도 초점이 잘 맞지 않는 문제가 발생하게 되었다. 이 문제를 해결하기 위하여 노광 대상 웨이퍼 표면(정확히 말하면 표면의 막의 굴곡)을 평평하게 해 주어야 한다. 특히 다층 금속(Muti Layer Metal) 공정이 많아지는 추세에 따라 이러한 표면상의 굴곡은 노광 시 심각한 초점 불량(Defocus) 문제를 야기 시킨다. 이런 문제를 개선하기 위해서 여러 가지 평탄화 기술이 개발되었다. 평탄화 기술의 종류를 몇 가지 살펴보면 첫째 유리막(SiO_2)에 보론(Boron) 과 인(Phosphorous)을 미량 섞은 필름 (BPSG Film)을 후속 열처리(Thermal Flow)를 하면 BPSG 유리막이 흐르는 현상이 발생하여 하부에 단차가 있더라도 그 위에 평평한 유리막을 증착시켜 평탄화를 만들 수 있다. 두 번째는 SOG(Spin On Glass)라는 방법인데 웨이퍼 위에 Sol-Gel 상태의 유리막 용액을 떨어뜨린 후 웨이퍼를 고속 회전 시켜 웨이퍼 위에 평평한 유리막을 형성하는 방법이다. 세 번째 방법은 표면에 굴곡이 진 막을 가진 웨이퍼를 식각(Etch) 공정 챔버내에 장착한 후 굴곡진 막을 식각할 수 있는 반응 가스를 사용하여 웨이퍼 전면을 에치백(Etch Back)하여 평탄화를 시키는 방법이 있다. 그러나 이들 방법들은 웨이퍼 표면을 완벽하게 평탄화 시키지 못하기 때문에 공정의 미세화가 더욱 더 빠르게 진행되면서 한계에 부딪히게 되었다. 이러한 문제를 해결하기 위한 방법으로 도입된 평탄화 방법이 CMP(Chemical Mechanical Polishing) 공정이다. CMP 공정은 반도체 소자의 집적도 증가 및 구조의 변화(2D->3D)로 인하여 더욱 CMP 공정의 필요성이 증대되고 있다.

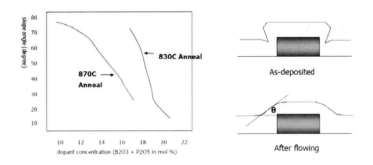

그림 2.8.1 BPSG를 이용한 평탄화

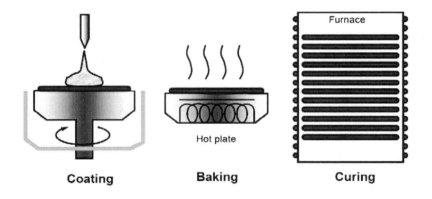

그림 2.8.2 SOG를 이용한 평탄화

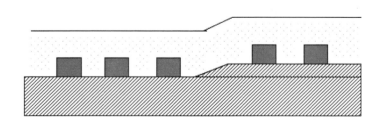

그림 2.8.3 ETCH BACK을 이용한 평탄화

이제부터는 CMP를 이용한 평탄화 방법에 대하여 자세히 살펴본다. CMP란 평탄도가 좋은 정반(Platen) 위에 연마 패드(Pad)를 부착하고, 헤드(Head)라는 부위에 웨이퍼를 고정시키고, 헤드에 부착된 웨이퍼 뒷면을 잡아준 상태에서웨이퍼를 패드 위에 올려 놓은 후 헤드에 압력(Down Force)을 주어서 패드가 장착된 정반과 웨이퍼의 앞면이 서로 같은 방향으로 돌면서 상대 속도를 가지면 헤드가 누르는 압력과 더해져서 마찰이 일어난다. 이 때 연마액과 화학 용액이 혼합된 슬러리(Slurry)라는 용액을 웨이퍼와 패드 사이에 주입하면서 헤드에 일정한 압력을 가하면 기계적인 마찰을 통해 웨이퍼의 표면을 평탄화하는 표면 연마 공정이 수행된다. 슬러리를 이용하면 슬러리 내의 연마 입자로 인한 기계적인 연마(Mechanical Polishing)와 슬러리 내의 화학 약품(산 또는 염기성 약품)에 의한 화학적 연마(Chemical Polishing)가 동시에 일어난다. 슬러리가 패드와 웨이퍼 사이에서 잘 스며들면서 유동되도록 패드의 표면은 기공(Pore) 모양을 하고 있고 돌기가 형성되어 있다. 슬러리는 연마 대상 막질의 종류에 따라 슬러리 종류도 구분하여 사용한다. 대상 막질이 산화막이면 산화막에 맞는 슬러리를 사용하고, 금속막이면 금속막에 맞는 최적화된 슬러리를 사용한다.

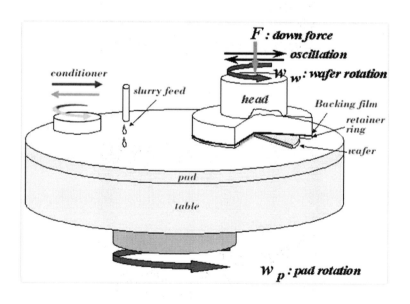

그림 2.8.4 CMP를 이용한 평탄화

CMP 공정에서 사용되는 패드는 폴리우레탄(Poly Urethane) 재질로 되어 있기 때문에 장시간 패드를 사용하면 웨이퍼와의 마찰과 슬러리의 침투 후 연마과정에서 생기는 연마 찌꺼기(Residue)가 기공(Pore)에 쌓여 패드의 기능이 떨어져 연마 대상물질을 갈아내는 연마 속도(Removal Rate)가 떨어진다. 이러한 연마 속도의 저하를 막기 위하여 패드의 표면 상태를 초기 상태로 유지시켜 주어야 한다. 이러한 작업을 패드 컨디셔닝(Pad Conditioning)이라하며 이러한 작업을 위해서는 아주 작은 입자 크기를 갖는 공업용 다이아몬드를 부착한 패드 컨디셔너(Pad Conditioner)라는 장치가 필요하다. 패드 컨디셔너를 이용하여 주기적으로 연마 패드를 초기화 시켜주어 연마 속도를 유지 시켜주도록 한다. 주기는 공정 내용에 따라 최적화 시키도록 하여야 한다.

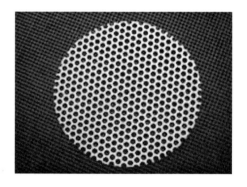

그림 2.8.5 패드 컨디셔너(Pad Conditioner)

그림 2.8.6 패드(Pad)

CMP 연마 공정을 진행할 때 중요한 공정 변수(Process Variable)에 대해 살펴보도록 하자. CMP 공정은 연마 대상 막질을 갈아내는 공정이므로 첫째 변수는 가능한 빠른 시간 안에 연마를 끝내는 것이다. 따라서 연마 속도(Removal Rate)가 무엇보다도 중요하다. 연마 속도는 헤드에 가해지는 압력(Down Force)과 정반에 붙어있는 패드의 회전 속도(헤드와의 상대 속도)에 정비례 관계에 있다. 즉, 압력과 회전 속도를 높이면 연마 속도가 증가하고, 낮추면 연마 속도가 낮아진다. 두 번째 공정변수는 균일도(Uniformity)이다. 웨이퍼 전면에 골고루 연마 속도가 균일하여야 한다. 균일한 연마가 이루어지지 않으면 웨이퍼의 어떤 부분은 과다 연마(Over Polishing)가 일어나고, 어떤 부분은 연마가 덜 일어나는(Under Polishing) 문제가 일어나서 소자의 특성에 심각한 영향을 미치게 된다. 이러한 균일성은 웨이퍼 내에서도 요구되어지나 웨이퍼와 웨이퍼 간, 로트(Lot)와 로트 간에도 균일성을 반드시 유지하여야 한다. 또한 패턴(Pattern)이 조밀(Dense)하거나 고립(Isolation)되어 있는 부분이 웨이퍼 내에 혼재되어 있는 경우 특히 균일성 확보에 유의하여야 한다. 세 번째 변수로는 결함(Defect)이다. 웨이퍼를 연마하다가 보면 각종 이물질(Slurry 잔류물, 패드 컨디셔너의 다이아몬드 입자의 탈착물 등)로 인하여 웨이퍼위에 이물질 덩어리(Residue)나 스크래치(Scratch) 등의 결함(Defect)을 유발 시킬 수 있다. 또한 슬러리의 화학 작용의 문제나 패드의 상태, 헤드의 과다 압력 등으로 인하여 연마 과정에서 막질의 패임(Dishing), 침식(Erosion) 등의 문제가 발생할 수 있으므로 유의하여야 한다. 따라서 이러한 공정 변수(Variable)들을 잘 제어하는 것이 매우 중요하다고 하겠다.

CMP 연마 공정을 마치면 연마된 웨이퍼 막질의 표면이 연마 찌꺼기, 각종 유기 및 금속 불순물 등으로 매우 오염이 심한 상태 이다. 이러한 오염 물질들을 연마 공정이 끝나면 화학약품(Chemical)이나 브러시 스크러버(Brush Scrubber), 메가소닉(Megasonic) 등을 사용하여 깨끗하게 제거시켜 주어야 한다. 이러한 제거 공정을 Post CMP 세정(Cleaning)이라고 하며 통상 CMP Polisher와 한 장비 내에서 인라인(In-Line) 형태로 진행되어진다.

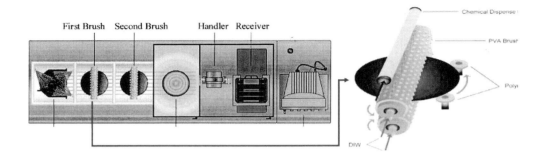

그림 2.8.7 Post CMP 세정(Cleaning)

3장

반도체 제조 장비 개요

반도체를 제조하는 과정은 전장에서 설명한 8대 주요 공정을 중심으로 제조가 이루어진다. 이들 8대 공정을 진행하기 위해서는 각 공정에 필요한 핵심 주 장비(Main Equipment)들이 필요하다. 반도체 공정이 이루어지는 공장(Fab) 내부는 청정도(Cleaness)를 엄격하게 관리하여야 함으로 이들 주 장비들은 클린룸(Clean Room)이라 불리는 공장(Fab) 내에 설치가 되어 운영되어 진다. 이 장에서는 전체적인 공장(Fab)의 구성과 반도체 제조용 주 장비의 구조의 개요에 대하여 기술할 것이다. 아울러서 반도체 Fab에 공급되는 각 종 시설(Utility)에 대하여서도 기술할 것이다. 이들에 대한 이해가 반도체 장비를 이해하는데 있어서도 매우 중요하다. 이번 장에서 먼저 이들을 이해한 후 다음 장에서 8대 공정 각 단위 공정별로 필요한 주 장비에 대하여 자세히 기술하도록 하겠다.

3.1 반도체 공장(Fab) 개요

흔히 반도체 제조는 파티클(Particle) 등 오염원과의 싸움이라고 한다. 이 뜻은 반도체 제조 환경이 매우 청정한 환경에서 이루어져야 한다는 의미이다. 청정한 환경에서 제조된 반도체만이 제대로 된 품질을 보증할 수 있다. 그러려면 반도체 공장(Fab) 내의 환경을 청정하게 만들어 주어야 한다. 이렇게 만들어진 반도체 공장 내의 청정한 공간을 클린룸

(Clean Room)이라고 한다. 클린룸은 공기 중에 떠다니는 파티클 뿐만이 아니라 온도, 습도, 조도, 진동, 실내 공기압, 정전기 제어 등 모든 요건에 대하여 일정한 범위내로 제어되는 밀폐된 공간을 말한다. 청정한 클린룸 유지를 위한 5대 수칙이 있다. 이는 첫째, 청정한 공기 송풍, 온·습도 및 실내 압력의 유지이다. 둘째, 미립자의 누적 방지이다. 이를 위해 무정전 내장재를 사용하고 지속적인 청소를 해야 한다. 셋째, 미립자의 침입 방지이다. 이를 위해 청정 구역과 비청정 구역을 구분 격리하고 이들 구역간 적절한 양압을 유지하여야 한다. 넷째, 미립자의 발생 방지이다. 이를 위해 클린룸 출입 인원을 철저히 통제하고 작업 동선 관리를 철저히 하도록 해야 한다. 아울러 모든 클린룸 출입자는 방진복을 착용법대로 착용하고, 클린룸 입실 전에 에어 샤워(Air Shower)를 반드시 하여야 한다. 마지막 다섯 번째, 이미 발생된 미립자를 신속히 제거하여야 한다. 이를 위해 완벽한 청소 및 환기를 실시하여 발생된 미립자를 빠른 시간 안에 완벽하게 제거 하여야 한다.

　반도체 공장(Fab) 내의 청정도(Cleanness)는 클래스(Class)로 나타내는데 이는 공기 중에 떠 다니는 파티클이 일정 부피의 기체 중에 포함되어 있는 정도를 말하며 먼지나 오염물로 인한 오염의 정도를 나타내는 척도이다. 미 연방 규격에 의하면 $1ft^3$의 체적 내의 공기 중에 포함된 0.5 마이크로 미터(μm) 이상의 먼지 허용 개수를 의미한다. 즉 Class1 이란 $1ft^3$ 내에 0.5 마이크로 미터 이상의 크기의 누적 입자 수가 1개 이하로 제어된다는 것을 의미한다. 현재 Fab내의 클린룸의 클래스는 통상 Class1 환경에서 이루어 진다.

그림 3.1.1 반도체 Fab 내 클린룸(Clean Room)

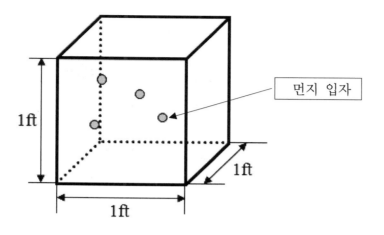

먼지 입자

1ft

1ft

1ft

그림 3.1.2 클래스(Class) 정의 개념도

 클린룸을 유지하기 위하여서는 공조시스템(AHU:Air Handling Unit)이 필요하다. 클린룸으로 공기가 순환되는 과정을 살펴보면 외부의 일반 공기를 전치 필터를 통하여 Fab 상층부로 이동한 후 HEPA(High Efficiency Particulate Air) 필터(Filter)를 통하여 클린룸 내로 수직 라미나 플로우(Vertical Laminar Flow)방식으로 고도의 청정성을 갖는 공기를 유입시킨다. 유입된 공기는 클린룸 바닥에 뚫린 홀(hole)을 가진 그레이팅(Grating; Access Floor라고도 함)을 통하여 하층부(Sub-Fab)로 보내지고 이 공기는 순환용 팬(Fan) 장치와 필터를 통해서 다시 상층부로 보내어 공기를 순환시킨다. 통상 Sub-Fab 안에는 각종 유틸리티(Utility; 전기, 가스, 케미칼, 배기 장치 등)와 주 장비의 보조 주변 장치인 진공 펌프(Vacuum Pump), 스크러버(Scrubber) 등이 설치되어 있다. 공조시스템은 AHU(Air Handling Unit)라고 하며 송풍 장치, 공기 냉각 장치, 가습 장치, 공기 혼합부, 공기 여과 장치, 기타 부속 장치로 구성되어 있으며, 공기의 가열, 가습, 냉각, 제습, 제진(먼지 제거) 등의 기능을 수행하는 역할을 수행하는 장치이다.

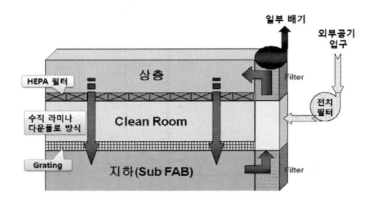

그림 3.1.3 반도체 Fab 공장 공기 흐름도

(그림출처:NCS반도체장비시설운영 학습모듈)

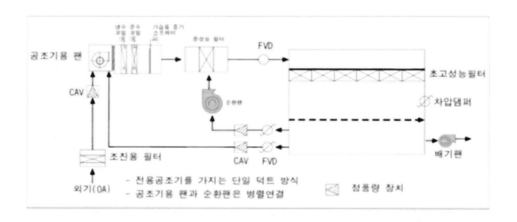

그림 3.1.4 클린룸 공조 시스템 구성도

3.2 반도체 장비 시설(Utility) 개요

반도체 제조에는 수많은 종류의 제조 장비와 부품, 각종 재료들이 사용된다. 이들 제조 장비 및 부품을 가동시켜 공정을 진행하고, 장비에 재료를 공급하여 공정을 진행하기 위해서는 반드시 필요한 것이 전기, 가스 등 유틸리티(Utility)이다. 반도체 공장(Fab)에서 사용하는 대표적인 유틸리티에는 전기, PCW(Process Cooling Water), 진공(Vacuum), 초순수(DIW; De-Ionized Water), 용수, 가스(CDA, N_2 등), 배기(Exhaust), 배수(Drain) 등이 있으며, 반도체용 특수 가스(Specialty Gas)나 케미컬(Chemical)을 제조 장비에 공급하는 시설물인 중앙가스 공급설비(CGSS; Central Gas Supply System), 중앙케미컬 공급설비(CCSS; Central Chemical Supply System)가 있다. 이번 챕터에서는 이들 시설 (Utility) 들에 대하여 살펴보고, 중앙가스 공급설비 및 중앙케미컬 공급설비에 대하여도 살펴보도록 한다.

항 목	종 류	용 도
전기	DC, AC	시설 및 장비 전원 공급
Bulk Gas	N2 CDA	장비 챔버 퍼지/ 밸브 구동 밸브 구동
Process Gas	SiH4, H2, NH3, Cl2, HCl, CO2, O2, He, Ar 등	각 공정
Chemical	IPA, PR Developer, Etchant 등	각 공정
Water	PCW DI Water 용수	장비 냉각수 공급 세정 초순수 제조용, 세척수 등
Vacuum	Process Vacuum House Vacuum	장비 가동 및 Wafer 이송 Clean Room 청소
EXHAUST	SUS계 - 열/일반, 유기, Toxic FRP계 - 산/HF	대기 배출 장치
Drain	폐액계 - IPA, Stripper, Etchant 등 폐수/DIR계 - DIR, HF, Dev, 유기 등	용액 배수

(그림 출처:NCS반도체장비시설운영 학습모듈)

표 3.2.1 반도체 유틸리티(Utility) 종류와 용도

3.2.1 전기(Power)

반도체 공장(Fab)에는 수많은 종류의 주 제조 장비와 보조 주변 장비들이 있다. 이들 장치를 구동하는데 필요한 것이 전기이다. 반도체용 전기는 공장에 들어오는 480V , 3상 전원을 사용한다. 이 전원을 각 장비의 인입 배전반으로 끌어들인 다음 각 장비의 전장부에서 케이블로 각 모듈에 맞는 전원(AC, DC), 전압이나 위상으로 맞춰서 각 모듈로 공급을 한다. 반도체 공장은 365일 24시간 중단 없이 운영되므로 전기 역시 중단 없이 공급되어야 한다. 만일 잠깐이라도 순간 정정이 되면 장비가 멈춰 서고 장비 내에 공정 진행 중인 웨이퍼에 심각한 피해를 줄 수 있으므로 정전이 발생하지 않도록 각별히 유의하여야 한다. 반도체 공장에는 낙뢰나 기타 원인에 의한 만약의 순간 정전 사태에 대비하여 긴급 발전 시스템(순간정전 시스템)인 UPS(Uninterruptible Power Supply) 시스템을 갖추고 있다. 또한 반도체 장비 내에도 순간 정전에 대비하여 UPS를 갖추고 있어 장비에 전원이 차단되면 UPS로부터 긴급 전원을 공급받아 시스템을 보호하고 있다. 그러나 장비 내 UPS를 이용하더라도 전력 소모가 많은 대용량 히터 등은 보호를 받지 못하는 경우가 많다.

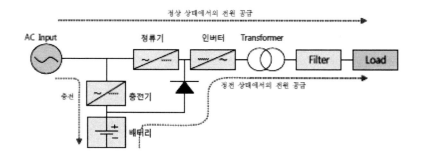

(그림출처:NCS반도체장비시설운영 학습모듈)

그림 3.2.1.1 장비 UPS 시스템 개념도

3.2.2 PCW(Process Cooling Water)

반도체 공장(Fab)에 있는 수많은 종류의 주 제조 장비와 보조 주변 장비들을 사용하게 되면 장비에서 열이 많이 발생하게 된다. 특히, 열원을 에너지로 사용하는 확산로 (Diffusion Furnace) 나 CVD(Chemical Vapor Deposition) 장비의 경우는 더욱 그러하다. 발생된 열을 식히지 않으면 화재 위험 또는 장비 고장의 원인이 되므로 반드시 장비 내부를 지속적으로 냉각수를 순환시켜서 장비를 안전하게 보호하여야 한다. 장비에서 발생된 열을 식히기 위한 냉각용 유틸리티가 PCW(Process Cooling Water)이다. 흔히 냉각수라고도 불린다. PCW를 만드는 공급 시스템에서 각 장비 또는 보조 주변 장비들로 PCW를 보내고 장비에서 순환되어 냉각시킨 후 장비의 열을 회수한 뒤 다시 PCW 시스템으로 보내지고 냉각된 후 순환 펌프에 의해 또 다시 장비로 순환되도록 구성되어 있다. PCW 시스템은 고순도의 필터링 된 물을 12℃~18℃ 범위 내에서 일정한 온도로 유지시키도록 열교환기로 열교환 시킨 후 탱크에 저장하여 펌프로 가압시켜서 필터를 거쳐 제조 장비로 보낸다. 장비별로 요구되어 지는 PCW압력은 장비에 따라 차이가 나므로 장비 인입단에서 레귤레이터(Regulator)를 사용하여 장비에 맞는 압력으로 조절이 필요하다. PCW 배관은 공급 라인(Supply Line)과 회수 라인(Return Line)으로 구성되어 있으며 PCW 배관내에 부식 및 불순물이 쌓이지 않도록 필터링 되어 장비로 공급 되어야 한다.

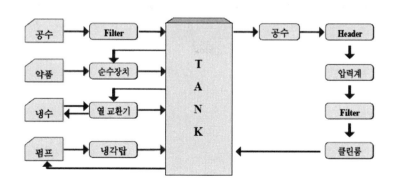

(그림출처:NCS반도체장비시설운영 학습모듈)

그림 3.2.2.1 PCW 시스템 구성도

3.2.3 DIW(De-Ionized Water)

반도체 공장(Fab)에 있는 제조 장비 중 세정 공정 진행시 케미컬을 희석시켜 사용하거나, 케미컬로 세정 후 웨이퍼에 잔존한 케미컬을 깨끗이 제거하는데 사용하는 물이 DIW(De-Ionized Water) 이다. 그 외에도 장비 세척용, 부품 세척용으로도 필수적으로 사용된다. DIW란 UPW(Ultra Pure Water)라고도 불리며 극도로 정제된 물로써 말 그대로 이온이나 불순물이 거의 없는 고순도(ppb단위의 순도를 가짐)의 물이다. 또한 전기적으로도 고저항(16~18MΩ)을 가져 전기가 통하지 않는다. 수돗물이나 하천의 물을 사용하여 DIW 제조 시스템을 거쳐 불순물이나 이온이 없는 초순수를 만든다. 초순수 제조 과정을 보면 1차로 MMF(Multi Media Filter)를 사용하여 응집, 여과, 흡착 등 전처리 과정을 거친 후 2차로 이온 교환 장치 및 역삼투압(R/O; Reverse Osmosis) 장치를 이용하여 정제 한 후 자외선(UV; Ultra Violet) 살균을 과정을 거쳐 물을 완벽하게 정제한다.

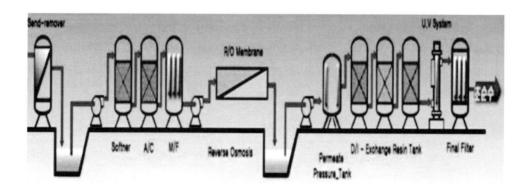

그림 3.2.3.1 DIW 제조 시스템 구성도

3.2.4 Gas System

3.2.4.1 CDA(Clean Dry Air)

반도체 공장(Fab)에 있는 제조 장비를 가동하기 위해서는 공압(Pneumatic)을 사용하는 경우가 많다. 장비에는 여러 종류의 밸브(Valve)들이 사용되고 있는데 그 중 대표적인 것이 공압 밸브(Pneumatic Valve)이다. 이 공압 밸브 구동에 사용되는 가스가 CDA(Clean Dry Air)이다. CDA란 먼지, 수분 등을 제거한 청정한 공기(Air)를 말한다. CDA를 제조하는 시스템은 압축기(Compressor)를 사용하여 공기를 압축한 후 고온의 압축된 공기를 공랭식 후부 냉각기(Cooler)에서 냉각(Cooling) 및 건조(Dry)시켜 리시버탱크 (Receiver Tank)를 거쳐 맥동 없는 균일한 공기를 만든 후 냉동식 및 흡착식 Air Dryer를 통하여 공기의 수분을 완벽하게 제거한 다음 최종적으로 Filter를 통하여 먼지나 불순물이 없는 청정하고 건조한 공기(Clean Dry Air)를 제공하게 한다. 이 후 배관을 통하여 장비에 CDA가 공급되는데 장비에서는 해당 장비에 필요한 압력에 맞도록 압력 조절기 (Regulator)를 사용하여 압력 값을 조절한다.

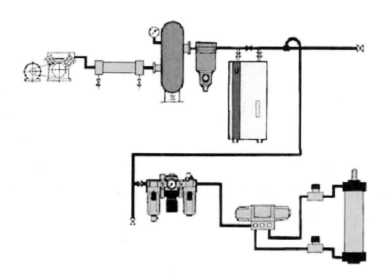

그림 3.2.4.1.1　CDA 제조 시스템 구성도

3.2.4.2 질소(N$_2$; Nitrogen)

반도체 공장(Fab)에는 여러 종류의 가스들이 사용되고 있으나 가장 많이 사용하는 가스 중 하나가 질소(N$_2$) 가스이다. 질소 가스는 장비 배관 및 장비 챔버 내부를 정화(Purge)하는 가스로 가장 많이 사용되고 있으며, 제조 공정(Process) 중에도 반응 후 챔버에 남아 있는 잔여 가스를 제거하는 경우에도 많이 사용하고 있다. 또한 진공 펌프 등에도 퍼지(Purge) 또는 발라스트(Ballast) 용으로도 많이 사용되고 있다. 질소에도 질소 플랜트탱크에서 제공되는 GN$_2$(General N$_2$)가 있으며, 이 GN$_2$를 장비내의 퍼지(Purge) 용으로 사용하기 위해서는 필터를 사용하여 불순물을 제거한 고순도의 PN$_2$(Purified N$_2$)를 사용한다. 또한 최근에는 웨이퍼를 보관하는 Carrier 내 및 장비 로딩부(Loading Port)내를 대기 중 존재하는 산소로 인한 자연 산화막(Native Oxide) 성장을 억제하기 위하여 질소로 충전하여 사용하기도 한다. 질소는 통상 공장 내 외곽에 LN$_2$(Liquid Nitrogen)탱크에 충전되어서 이를 기체로 만들어 필터를 통하여 공장(Fab)으로 공급되는 과정을 거친다. 각 제조 장비에는 공급된 질소를 다시 한 번 장비 내 필터를 통하여 여과시킨 후 사용하며, 공급 압력도 장비 전단에 설치된 압력조절기(Regulator)를 통하여 조절하여 사용한다. 통상 이렇게 대용량으로 탱크를 통하여 공급되는 가스를 벌크(Bulk) 가스라고 부른다. O$_2$, He, Ar 가스도 벌크 가스로 공급된다.

3.2.4.3 특수 가스(Specialty Gas)

반도체 공장(Fab)에서 웨이퍼 제조 공정에 사용되는 가스들은 매우 많은 종류의 가스들이 사용되고 있는데 공정에 따라 달리 사용하는 가스라서 통상 특수 가스(Specialty Gas)라고 부른다. 특수 가스는 종류가 매우 다양하여 식각용, 증착용, 세정용, 확산용 등등 공정별로 사용하는 가스가 다 다르다. 그래서 흔히 프로세스 가스(Process Gas)라고 부른다. 이들 프로세스 가스들은 통상 실린더(Cylinder) 형태로 공급되어지며, 가스 캐비넷(Gas Cabinet)이 장착된 별도의 공간(Central Gas Supply Room)에 설치되어서 배관을 통하여 장비 단으로 가스가 공급되어 진다. 질소의 경우와 마찬가지로 가스 공급 압력도 장비 인입단에 설치된 압력조절기를 통하여 조절하여 사용하며, 장비 단에서 공정 챔버에 주입 전에 필터에 의해 한 번 더 여과되는 과정을 거친다.

구 분	가스 명	특징	적용 공정
압축 가스	SiH_4	독성, 자연발화성	CVD/DIFF(POLY)
	PH_3 1%	독성, 자연발화성	CVD/DIFF(POLY)
	B_2H_6 1%	독성, 자연발화성	APCVD
	NF_3	독성, 지연성	PECVD
	C_2F_6	불연성, 비독성	PECVD
	CF_4	불연성, 비독성	PECVD/ETCH
	CF_4/O_2	지연성, 비독성	OXIDE ETCH
	CF_4/Ar	불연성	XRF
	He	불연성, 비독성	PHOTO/CVD/ETCH
	$Kr/Ne/F_2$	독성, 부식성	PHOTO
	Kr/Ne	불연성, 비독성	PHOTO
액화 가스	CHF_3	불연성, 비독성	ETCH
	SF_6	불연성, 비독성	ETCH
	N_{2O}	지연성, 비독성	CVD/DIFF
	Cl_2	독성, 부식성	METAL ETCH
	BCl_3	독성, 부식성	METAL ETCH
	HBr	독성, 부식성	POLY ETCH
	F_{123}	불연성, 휘발성	OXIDE ETCH
	NH_3	독성, 부식성, 가연성	CVD/DIFF(NITRIDE)
	Si_2H_6	독성, 가연성	DIFF
	WF_6	독성, 부식성	METAL CVD
	SiH_2Cl_2	독성, 부식성, 가연성	CVD/DIFF(NITRIDE)
	ClF_3	독성, 부식성	METAL CVD

(그림출처:NCS반도체장비시설운영 학습모듈)

그림 3.2.4.3.1 반도체용 특수 가스 종류

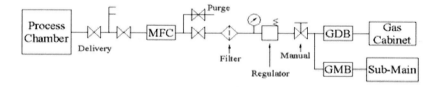

그림 3.2.4.3.2 장비 내 Gas Delivery 구성도

반도체 공장(Fab)에서 사용되는 특수 가스는 가스 전문 외부 공급 업체에서 제작되어 들어온다. 특수 가스는 제조 공정에 직접 사용되므로 특히 순도가 매우 중요하며 만일 순도가 떨어질 경우 제조 공정에서 웨이퍼를 오염시킬 수 있어 수율 저하 등 소자 품질에 막대한 영향을 주기 때문에 사용에 각별히 유의하여야 한다.

3.2.5 배기(Exhaust)

반도체 공장(Fab)에 있는 제조 장비들은 (보조 주변 장비 포함) 거의 대부분 배기(Exhaust) 시스템을 가지고 있다. 반도체 장비들에는 반도체 제조 시 각종 히터(Heater), 가스(Gas), 케미컬(Chemical) 등이 사용되므로 이들 제조 과정에서 발생하는 열이나 잔류 반응 가스, 흄(Fume)등이 반드시 배출되어야 한다. 그러기 위해서는 배출되는 물질에 맞는 별도의 배기 시스템들이 필요하다. 이들은 배기관을 통하여 배기 Duct로 이송되고 이송된 배기 물질은 정화 시스템(Scrubber)을 거쳐서 배출된다. 배출되는 배기물의 종류에 따라 산(Acid), 알칼리(Alkali), 열과 일반(Heat & General),독성(Toxic),유기물(Organic)로 구분하여 배출이 일어난다. 각각 배기 특성에 맞는 재질의 배기관을 반드시 사용하여야 한다. 배기 물질이 부식이 강한 산이나 알칼리 물질인 경우는 부식이 일어나지 않는 PVC나 FRP 등 수지 계열을 사용하여야 하며, 열이나 유독성(Toxic) 가스, 유기성 가스들의 경우는 스텐레스 스틸(Stainless Steel) 계열의 배기관 재질을 사용하여야 한다. 배기관의 제작 및 설치 시 누설(Leak)이 발생하지 않도록 유의하여야 한다. 이들 배기가스들은 배기관을 거쳐 장비별 배기 처리 스크러버를 통하여 정화된 후 배출이 일어난다. 1차 스크러버를 거쳐서 최종적으로 2차 스크러버에서 배출되는 가스는 일반 대기 중으로 방출되기 때문에 법적으로 엄격히 규제된 범위를 절대 벗어나지 않도록 유의하여야 하며, 대기 오염을 일으키지 않도록 하여야 한다. 최근에는 지구 온난화 및 오존층 파괴 문제로 인하여 더욱 엄격하게 규제되고 있는 실정이다.

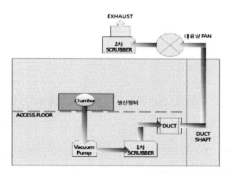

(그림출처:NCS반도체장비시설운영 학습모듈)

그림 3.2.5.1 배기(Exhaust) 시스템 구성도

3.2.6 배수(Drain)

반도체 공장(Fab)에 있는 제조 장비들은 (보조 주변 장비 포함) 거의 대부분 배수 (Drain) 시스템을 가지고 있다. 대부분의 반도체 장비들은 반도체 제조 시 각종 화학 물질이나 초순수(DIW), PCW 등의 물을 사용한다. 예를 들면, 포토리소그라피 공정에는 포토레지스트, 디벨로퍼, 신나(Thinner) 등의 화학 물질이 사용되며, 세정이나 습식 식각 공정에서는 각종 식각액(Etchant), 각종 세정용 케미컬(황산, 질산, 불산, IPA등), 세정용 DIW, 건조용 IPA 용액, 장비 냉각수(PCW) 등이 사용되며, CMP 공정에서는 각종 슬러리 (Slurry) 및 세정용 화학 물질이 사용된다. 이들 공정별로 사용되는 각종 약품으로부터 필연적으로 폐수 들이 발생하게 된다. 이렇게 제조 장비에서 사용되어진 후 배출되는 폐수들은 반도체 제조 공정 특성별로 각각 Acid Drain, Alkali Drain, Organic Drain, Solvent Drain, General Drain 으로 구분되어 버려진다. 이들 버려진 폐수들은 각 각 별도 시스템을 거쳐 완벽하게 수질 처리를 하여 법적인 환경 기준에 맞게 기준치 이하로 낮춰 처리한 후 버려져야 한다. 일부 폐기 물질은 수집된 후 별도의 폐기물 관리를 통하여 산업 폐기물로 분류하여 전문 폐기물 처리업체를 통하여 위탁 처리토록 한다. 폐수로 인한 환경오염이 발생하지 않도록 엄격히 관리되어져야 한다.

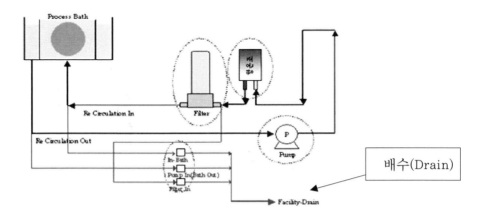

그림 3.2.6.1 세정 장비 케미컬 조(Bath) 구성도

3.2.7 진공(Vacuum)

반도체 공장(Fab)에 있는 제조 장비들은 많은 장비들이 진공 시스템을 갖추고 있다. 반도체 공장(Fab)내에서 사용하는 진공은 크게 두 가지 종류로 구분되어 진다. 첫 번째는 공정용 진공(Process Vacuum)이고, 두 번째는 하우스진공(House Vacuum)이다. 공정용 진공은 반도체 장비 내를 진공으로 유지시켜 주어 로봇(Robot)등이 웨이퍼를 이송할 때 분진 발생을 막아주며, 또한 공정 챔버 내에서 공정진행시 공정 변수로도 작용하며 반응 후 반응 가스의 잔류물들을 효과적으로 배출하기 위한 것으로 공정 장비 종류 및 요구 진공 정도에 따라 여러 종류의 진공 펌프를 사용하고 있다. 이들 진공 펌프는 장비의 배기구(Outlet)와 진공펌프의 흡입구(Inlet) 사이를 스텐레스 스틸 (Stainless Steel) 배관을 사용하여 연결시키며 배관이 길 경우 배관과 배관 사이는 클램프 (Clamp)로 체결하며 연결 시 진공 누설(Leak)이 발생하지 않도록 한다. 두 번째 하우스 진공(House Vacuum) 시스템은 클린룸 및 Sub-Fab 내에 청결을 목적으로 설치되어 각종 이물질 및 파티클 제거를 위한 청소용으로 사용되고 있다. 배관은 주로 PVC 재질로 이루어져 있다.

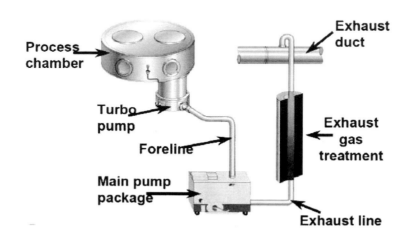

그림 3.2.7.1 장비 진공 시스템 구성도

3.2.8 케미컬 중앙 공급 시스템(CCSS; Central Chemical Supply System)

반도체 공장(Fab)에 사용되는 거의 대부분의 화학약품은 CCSS라는 화학약품 중앙 공급장치로부터 화학 약품 공급 배관을 통하여 제조 장비 사용 부위(POU; Point Of Use)로 원격 공급되어진다. CCSS 시스템은 Chemical Pump, Chemical Filter, Chemical Valve, Controller로 구성되어 있으며 Chemical Pump는 Chemical 보관 Drum으로부터 중간 저장 장치(VMB; Valve Manifold Box)나 장비의 POU로 케미컬을 안전하게 이송 시켜주기 위한 장치이며 Chemical Filter는 Drum의 분진 제거 및 이온, 유기물 등 이물질을 제거하여 고 순도의 화학 약품을 공급하기 위한 장치이다. Chemical Valve는 화학 약품 공급을 개폐(Open/Close)하기 위한 장치이며 Controller는 PC나 PLC 장치를 이용하여 시스템을 정확하게 제어하는 제어 장치이다.

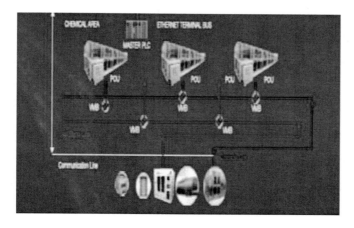

그림 3.2.8.1 CCSS 시스템 구성도

3.3 반도체 제조 장비 구조(Structure) 개요

　반도체 제조에는 수많은 종류의 제조 장비와 부품, 각종 재료들이 사용된다. 이들 중 반도체 제조의 근간을 이루는 것이 바로 반도체 제조 장비이다. 반도체 제조 장비에는 각 공정에 따라 여러 가지 종류가 있다. 하지만 이러한 제조 장비들이 종류별로 다 다르지만 제조 장비를 이루는 기본 구조(Structure)는 유사하다. 장비를 잘 살펴보면 기본적으로 장비에 웨이퍼를 로딩(Loading)하는 로딩 부위(Loading Port, EFEM(Equipment Front End Module)), 로딩된 웨이퍼를 진공 분위기로 바꿔주는 독립된 공간인 로드락(Load Lock) 챔버, 로봇이 장착되어 로드락에 있는 웨이퍼를 공정 챔버로 반송하는 중간 역할을 하는 반송(Transfer) 챔버, 실제 웨이퍼가 삽입되어 공정이 진행되는 공정(Process) 챔버, 로드락 챔버와 반송챔버와 공정 챔버 내를 진공으로 유지시켜 주기위한 진공 시스템 (진공 펌프, 진공 게이지, 트로틀 밸브, 게이트 밸브 등), 챔버 내로 가스를 공급 및 제어하기 위한 가스 공급 시스템(Gas Supply System), 세정 장비의 경우는 케미컬 공급 시스템(Chemical Supply System), 장비의 각 모듈에 전기를 공급하는 전원부(전장부), 배기(Exhaust) 및 배수(Drain) 장치, 열 또는 플라즈마 에너지원을 공급하기 위한 히터 (Heater) 및 플라즈마 장치(Plasma Generator, Matcher), 장비의 열 및 웨이퍼의 열을 냉각시키기 위한 냉각 및 열교환 시스템(Chiller, Heat Exchanger), 배기 가스 환경 정화 시스템(Scrubber), 장비를 전반적으로 제어하기 위한 두뇌 격인 제어 장치(Main Controller, 각 종 Controller) 등으로 구성되어 있다. 이 장에서는 이들 장비의 Main 장비의 주요 구성 요소에 대하여 전반적인 이해를 하도록 한다. 주변 장비 구성 요소에 대한 설명은 별도의 장에서 기술 하도록 한다.

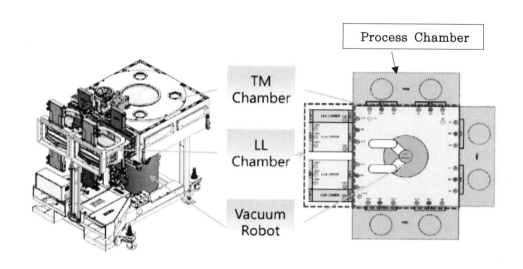

그림 3.3.1 반도체 제조 장비 Main 시스템 구성도

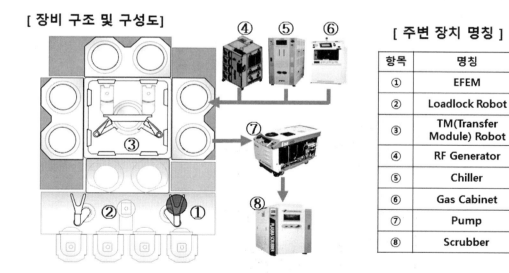

그림 3.3.2 반도체 장비 구조 및 주변 장치 구성도

3.3.1 EFEM(Equipment Front End Module)

반도체 장비 안으로 웨이퍼를 이송 시켜 주기 위해서는 웨이퍼를 담은 캐리어인 FOUP(Front Opening Unified Pod)를 전 공정으로부터 공장 상부에 달린 FOUP 운송 장치인 OHT(Over Head Transfer)를 이용하여 다음 공정이 진행되는 장비의 Load Port 위치로 옮겨진다. 옮겨진 FOUP를 장비 안으로 반입 시키는 역할을 하는 장치를 EFEM(Equipment Front End Module)이라고 부른다. 즉, EFEM은 일반적으로 Load Port, 대기 로봇(ATM Robot)과 리니어 스테이지(Linear Stage), 웨이퍼 얼라이너 (Aligner), 필터(FFU;Fan Filter Unit), EFEM 콘트롤러, Operation Panel로 구성되어 있다. 즉, 로드 포트에 올려진 FOUP를 열어(Open) FOUP 내의 웨이퍼를 ATM 반송 로봇을 이용하여 반도체 장비 내로 자동으로 이송 처리하는 장치를 말한다. 로드 포트 모듈은 통상 2~4개 정도로 구성되어 있다. 장치내 스테이지에 위치한 대기 로봇(ATM Robot)이 카셋트에 장착되어 있는 웨이퍼를 낱장으로 집어서 장비의 로드락 챔버(Load Lock Chamber) 안으로 이송시켜 주는 역할을 하는 곳으로 이송 시 분진 발생을 막고 청정도 유지를 위하여 FFU(Fan Filter Unit)이 장착되어 있다. 또한 이송 시 웨이퍼를 균일한 방향으로 정렬하여 투입할 수 있도록 사전에 웨이퍼의 플랫 존(Flat Zone)을 맞추도록 하는 웨이퍼 얼라이너(Wafer Aligner)가 장착되어 있다. 장비의 생산성 (Throughput)에도 큰 영향을 미치는 핵심 모듈이라 하겠다.

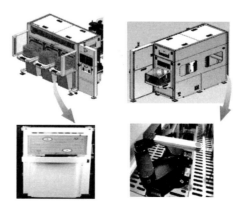

그림 3.3.1.1 EFEM 구성도

3.3.2 Load Lock Chamber

　EFEM에서 ATM 로봇이 웨이퍼를 Main 장비 안으로 이송하게 되는데 이때 이송되는 웨이퍼는 대기압 분위기에서 이송이 진행되며 이송이 완료되면 EFEM과 Load Lock 챔버 사이에 위치한 Door 가 닫히고, 이후 Load Lock 챔버내를 진공 펌프를 사용하여 진공 분위기로 바꾼 후 웨이퍼를 트랜스퍼 챔버(Transfer Chamber)로 전달하는 역할을 하는 챔버이다. 진공 분위기가 트랜스퍼 챔버 및 공정 프로세스 챔버와 마찬가지로 되어야 안정된 공정을 진행하기 때문에 반드시 이곳에서 웨이퍼의 분위기를 진공상태로 바꿔주어야 한다. 즉, Load Lock 챔버 공간은 웨이퍼가 장비 외부에서 장비 내부로 들어가는 공간이며 장비 내부와 외부를 격리시켜 준다. 또한, 공정 챔버에서 공정이 끝나면 다시 웨이퍼를 트랜스퍼 챔버에 있는 진공 로봇이 웨이퍼를 Load Lock 챔버로 이송하게 된다. 이 후 웨이퍼를 장비 밖으로 언로딩(Unloading)하기 위하여 진공으로 되어 있는 Load Lock 챔버 내의 분위기를 질소(N_2) 가스를 사용하여 대기압 분위기로 바꿔주게 된다. 이러한 과정을 백필(Back Fill)이라고 한다. 챔버내를 대기압으로 바꿔주면 도어가 열리고 EFEM의 ATM 로봇이 웨이퍼를 언로딩하게 된다. Load Lock 챔버의 구성품으로는 웨이퍼 매핑(Mapping) 및 웨이퍼 상태 확인 기능(예로써 웨이퍼가 깨져있다든지 슬라이딩 되어 있다든지 하는 웨이퍼 상태 감지 기능), 챔버내를 진공으로 만드는 진공펌프, 진공도를 계측하는 진공 게이지, 도어(Door)개폐 밸브, 게이트 밸브 등으로 구성되어 있다. 챔버내를 급격히 대기압에서 진공으로 바꿔 줄 경우(혹은 그 반대의 경우) 분진(파티클) 발생 위험이 있으므로 소프트 스타트 밸브(Soft Start Valve)를 먼저 작동시킨 후 어느 정도 압력이 떨어졌을 때 메인 밸브(Isolation Valve)를 열도록 한다.

그림 3.3.2.1 Load Lock 챔버(Chamber) 사진

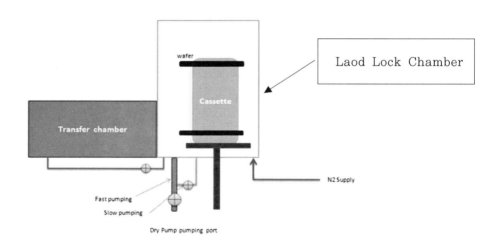

그림 3.3.2.2 Load Lock 챔버 구성도

3.3.3 Transfer Chamber

Load Lcok 챔버에서 이송된 웨이퍼를 공정(Process) 챔버 안으로 이송시켜 주기 위한 진공 로봇(Vacuum Robot)이 장착되어 있는 공간을 말한다. 진공 로봇은 진공 분위기 상태에서 웨이퍼를 로드락 챔버에서 공정 챔버로, 공정이 끝난 웨이퍼를 공정 챔버에서 로드락 챔버로 Pick -up 하여 제 위치에 놓여주는 역할을 한다. 이 진공 로봇의 속도 등 성능과 안정성에 따라 장비의 생산성(Throughput)에 지대한 영향을 주므로 로봇의 선택이 매우 중요하다. 진공 로봇의 Arm의 반송 속도 및 반송 정밀도, 클린도 유지가 매우 중요하며 주로 4~6축의 수평 다관절 로봇을 사용하고 있으며 웨이퍼는 진공 흡착, 패시브 에지, 에지 그립 척 등을 사용하고 있다. 척(Chuck) 또는 Arm을 2개 사용하여 장비 의 생산성(Throughput)을 높이는 경우도 있다. 척의 재질은 알루미늄, 세라믹 등 공정에 따라 적합한 재질을 사용한다. 로봇 구동 모터는 AC 서보 모터(Servo Motor) 또는 스테핑 모터(Stepping Motor)를 사용한다. Transfer 챔버도 챔버 내를 진공 분위기로 만들어 주기 위해 진공 시스템(진공펌프, 진공 게이지, 진공 밸브)이 장착되어 있다.

그림 3.3.3.1 진공(Vacuum) Robot 과 Transfer Chamber 사진

3.3.4 Process Chamber

Transfer 챔버에서 진공 로봇을 사용하여 공정 챔버(Proess Chamber)의 슬릿 도어(Slit Door)를 열고 웨이퍼를 공정 챔버 내로 이송한 후, 공정 챔버 내의 웨이퍼를 지지하는 척 위에 웨이퍼를 안착시키고 진공 로봇은 슬릿 도어를 빠져 나오게 된다. 이 후 슬릿 도어가 닫히면 공정 챔버가 밀폐되어 지고, 공정 챔버 내로 공정에 사용되는 가스가 챔버에 주입이 되면 챔버내의 상부에 위치한 Shower Head를 통하여 가스가 챔버 내로 균일하게 분사된다. 분사된 가스는 열을 에너지 원으로 사용하는 경우는 히터(Heater)에 의해 열 분해 되어 반응이 일어나며, 플라즈마를 사용하는 경우는 플라즈마 전원 발생기 (Plasma Generator)에서 발생한 전력이 매칭 박스(Matching Box)를 거쳐 챔버내로 전력 손실 없이 주입되어 챔버내에 전기장(또는 자기장)을 일으키면 전기장 내에서 발생한 전자가 챔버내에 주입된 가스와 충돌에 의해 플라즈마가 발생된다. 이때 충돌 과정에서 생기는 이온(Ion), 전자(Electron), 라디칼(Radical)에 의해 웨이퍼 위에 증착 또는 식각 반응이 일어나게 된다. 이들 플라즈마의 밀도(Density)가 높으면 그 만큼 증착 또는 식각 반응이 원활하게 일어나게 된다. 이때 챔버내의 압력은 진공을 유지하며 진공도는 공정에 따라 적절하게 유지되어 지도록 한다. 공정 챔버는 통상 여러 개로 이루어져 있는데(Multi Chamber) 공정 챔버의 역할이 똑 같은 경우도 있고, 필요에 따라서는 공정 챔버 별로 서로 다른 공정으로 이루어진 경우도 있다. 주의할 점은 공정 챔버가 동일하게 구성되어 있어도 챔버간에 미세한 차이가 있을 수가 있으므로 꼭 똑같은 공정 조건에서 똑 같은 결과가 나오라는 보장이 없으므로 챔버간 공정 결과가 동일하게 나오도록 조정이 필요하다. 챔버간 서로 다른 공정을 진행하는 경우는 프로세스 인테그레이션 (Process Integration) 측면에서 서로 다른 공정을 연속적으로 진공 브레이크(Vacuum Break)없이 진행할 수 있다. 예를 들면 Ti 증착, TiN 증착, Aluminum 증착을 서로 다른 공정 챔버를 사용하여 순차적으로 진행할 수 있는 장점이 있다. 공정 챔버를 이와 같이 멀티 챔버(Multi Chamber)로 구성할 경우 각 공정 챔버마다 플라즈마 전원 및 매칭 박스가 필요하며, 진공 시스템도 각 챔버 마다 필요하고, 가스 연결 장치도 각 챔버마다 별도로 필요하게 된다. 이런 시스템 구성을 클러스터(Cluster) 방식이라고 하며 최근의 공정챔버는 이러한 방식 채용이 주류를 이루고 있다.

그림 3.3.4.1 Process Chamber 사진

공정(Process) 챔버에서 고려해야 할 주요 내용을 정리하면 다음과 같다.

1. 가열방식

2. 냉각방식

3. 가스 공급 방식

4. 배기 방식

5. 웨이퍼 지지 방식

6. 전극 구조(플라즈마 사용시)

7. 플라즈마 방전 방식(플라즈마 소스)

8. 챔버 재질

9. 챔버 형상(구조 디자인)

10. 챔버 구동 방식

11. 센서 방식(진공, 온도 등등)

4장

반도체 제조 공정 장비

반도체를 제조하는 과정은 전장에서 설명한 8대 주요 공정을 중심으로 제조가 이루어진다. 이번 장에서는 8대 공정을 진행하기 위해 필요한 핵심 주 장비(Main Equipment)를 중심으로 이들 장비의 역할, 장비 구성과 기능에 대하여 구체적으로 심화 학습하고자 한다. 반도체 제조 장비들을 분류하여 보면 크게 포토리소그래피 장비(노광장비, 트랙장비), 식각 장비, 에셔(Asher) 장비, 열처리 장비, 불순물 주입 장비, 박막 형성 장비(CVD 장비, PVD 장비), 세정 장비(습식 세정 장비, 드라이 세정 장비), 평탄화용 CMP 장비 등으로 구분할 수 있다. 반도체 디바이스(Device)의 미세화가 진행됨에 따라 이들 공정용 주 장비들도 지속적으로 미세화에 맞추어 개발, 개선이 이루어지고 있다. 디바이스 메이커에서 새로운 공정 기술이 개발되면 이에 맞추어 반도체 공정 장비도 개발이 필요하다. 이 과정에는 처음에는 프로토타입(Prototype)의 장비가 개발 된 후 소자 메이커에서 평가를 받은 후 양산용에 적합하도록 테스트를 거쳐 개선이 이루어지고 최종적으로 양산용 장비로 완성이 되는 과정을 거치게 된다. 양산용 장비로 되기 위해서는 장비의 생산성(Throughput)과 공정 결과의 반복 균일성(Repeatability)등 장비의 신뢰성(Reliability)이 확보되는 것이 무엇보다 중요하다. 그럼 지금부터 이들 8대 공정에 필요한 주 장비들에 대하여 하나씩 살펴보기로 한다.

4.1 포토리소그래피(Photolithography) 장비

4.1.1 노광 장비 기술의 개요

포토리소그래피 장비로는 크게 포토 마스크의 회로 형상을 웨이퍼 위에 전사하는 노광 장비(Exposure System)와 노광기의 빛에 감응하는 포토 레지스트(Photo Resist)를 도포(Coating) 및 현상(Develop)하는 장비인 트랙(Track) 장비로 구분되어 진다. 이 두 종류의 장비를 사용하여 진행되는 포토리소그래피 공정의 흐름은 (1)포토 레지스트 도포 (2)노광 (3)포토레지스트 현상 순으로 공정이 진행된다. 포토리소그래피 공정은 서로 다른 수 십장의 포토 마스크를 바꿔 사용하면서 진행되어 진다. 통상 이 공정 후 식각 공정이나 이온 주입 공정이 뒤따르게 된다. 즉 패턴 된 포토레지스트 막을 마스크로 삼아 식각이나 이온주입 공정이 진행되는 것이다. 디바이스가 고집적화 됨에 따라 노광기나 트랙의 발전도 함께 이루어져 왔으며, 특히 해상도 개선 관점에서 노광기의 개선이 급속도로 이루어져 왔다. 노광 장비의 해상도 증가는 노광장비의 광원의 파장을 단파장으로 사용함으로써 해상도의 향상을 가져왔다. 초기에 사용하는 광원의 파장은 g-line(436nm)이나 i-line(365nm)을 사용하다가 최근에는 excimer laser source를 사용하여 Deep UV(Ultra Violet) 영역의 파장을 갖는 KrF(248nm) 나 ArF(193nm)를 이용하여 해상도를 향상 시켜 왔다. 최근에는 이보다 훨씬 더 파장이 짧은 13.5nm EUV(Extremely Ultra Violet)를 사용하여 해상도를 획기적으로 향상시키는 노광 장비가 등장하였다.

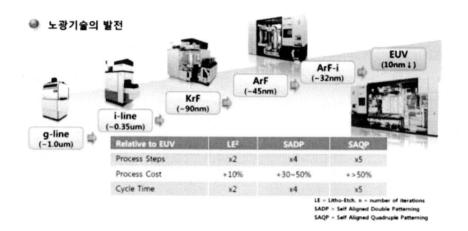

그림 4.1.1.1 노광 기술의 발전 과정

　해상도 증가와 더불어 노광장비 시스템에도 개선이 일어났는데 초기의 접촉식 (Contact) 노광기로부터 근접식(Proximity) 노광기를 거쳐 현재는 축소 투영 (Projection)방식을 채택한 노광기를 사용하고 있다. 축소투영방식을 사용하면 해상력 향상과 포토 마스크의 수명 연장과 마스크를 실제 웨이퍼에 전사되는 크기보다 4~5배 큰 4:1 또는 5:1 크기의 마스크를 사용함으로서 패턴의 결손이나 파티클 오염 문제를 해결할 수 있는 장점이 있다. 또한 구동 방식에 있어서도 변화가 일어났는데 축소투영방식의 생산성 향상을 위하여 몇 개의 칩을 한 개의 샷(Shot)으로 묶어 스텝 앤드 리피트(Step & Repeat) 방식을 채택한 스테퍼(Stepper)라는 노광 시스템이 사용되고 있으며, 이 스테퍼 장비보다 더욱 생산성과 패턴의 일그러짐 방지, 한 샷(Shot) 당 노광 면적의 증대 등의 장점을 가진 스텝 앤드 스캐닝(Step & Scanning) 방식을 채택한 스캐너 (Scanner) 장비로 발전해 왔다.

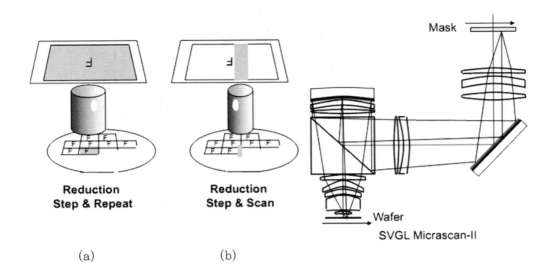

Mask

Wafer

SVGL Micrascan-II

Reduction
Step & Repeat

Reduction
Step & Scan

(a)   (b)

그림 4.1.1.2 축소투영 노광기 구동 방식

(a)스텝 앤드 리피트 방식

(b)스텝 앤드 스캐닝 방식

　스테퍼나 스캐너 노광 장비는 광학 기술의 결정체를 응용한 장치로 고도의 조명계통, 고도의 광학 렌즈 계통, 고도의 정밀 구동을 하는 마스크 스테이지(Stage)와 웨이퍼 스테이지, 고도의 정렬(Alignment) 시스템으로 구성되어 있다. 다만 스테퍼나 스캐너의 해상도 고도화가 이루어질수록 초점심도(DOF; Depth Of Foucus) 범위가 작아지는 문제를 일으켜서 초점이 이탈하는 현상(Out of Focus, Defocus라고도 함)이 일어나기 쉬운 문제가 발생한다. 이러한 문제점을 해결하기 위해 추후 소개할 CMP 장비를 사용하여 표면의 평탄도(Planarity)를 개선하여 탈 초점 문제를 해결하게 되었다.

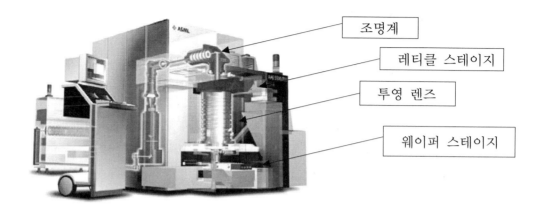

조명계

레티클 스테이지

투영 렌즈

웨이퍼 스테이지

(a)

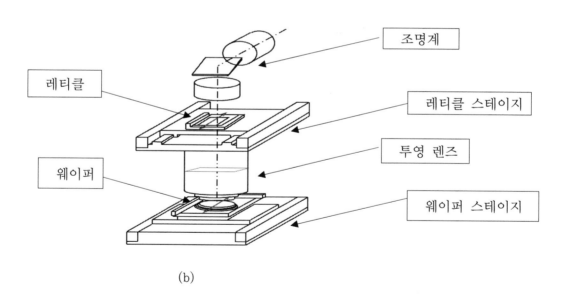

조명계

레티클

레티클 스테이지

투영 렌즈

웨이퍼

웨이퍼 스테이지

(b)

그림 4.1.1.3 축소투영 노광기 구성도

    (a) DUV스캐너 장비 사진

    (b) 주요 구성품 모식도

4.1.2 노광기에서의 웨이퍼 노광 순서

노광기에서 이루어지는 웨이퍼 노광 순서는 다음과 같은 단계를 따른다.

1단계: 노광기내의 레티클 스테이지에 레티클(마스크)의 로딩(Loading)이 이루어지고, 웨이퍼 스테이지 위에 웨이퍼의 로딩이 이루어진다.

2단계: 웨이퍼 스테이지 상에 있는 Fiducial Mark를 기준으로 레티클 얼라인(Reticle Align) 및 베이스라인 체크(Baseline Check; Fiducial Mark와 웨이퍼 얼라인먼트 센서 간의 위치 차이 판독)를 실시한다.

3단계: 웨이퍼가 첫 레이어(Layer)의 노광이 아닐 경우는 웨이퍼 얼라인을 실시한다. 웨이퍼 얼라인은 웨이퍼에 만들어져 있는 웨이퍼 얼라인먼트 마크(Wafer Alignment Mark)를 이용하여 웨이퍼를 정확한 위치에 정렬시키는 것이다. 만일 웨이퍼가 첫 레이어(가장 처음 진행되는 레이어)인 경우는 이 단계를 생략한다.

4단계: 웨이퍼 얼라인먼트 데이터와 입력 오프셋 값을 보정한 후 노광을 실시한다. 첫 레이어인 경우는 입력 오프셋 값만 보정한 후 노광을 실시한다.

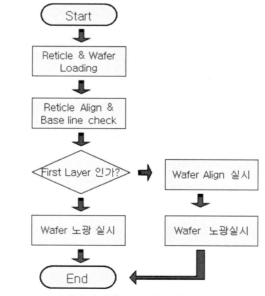

그림 4.1.2.1 노광장비에서의 노광 순서도

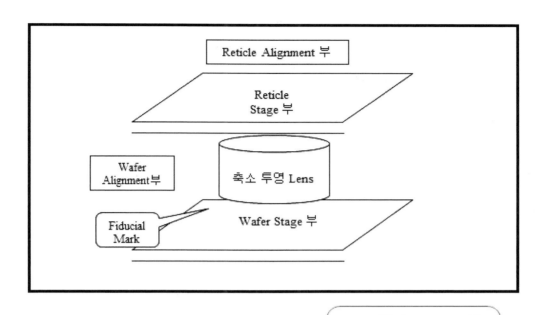

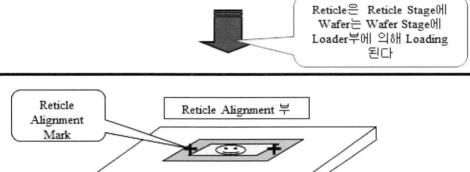

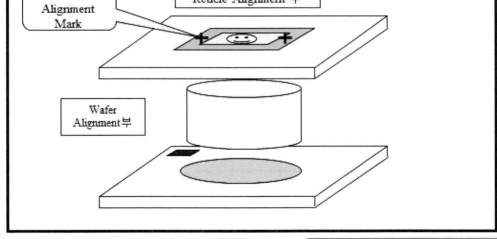

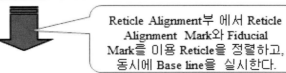

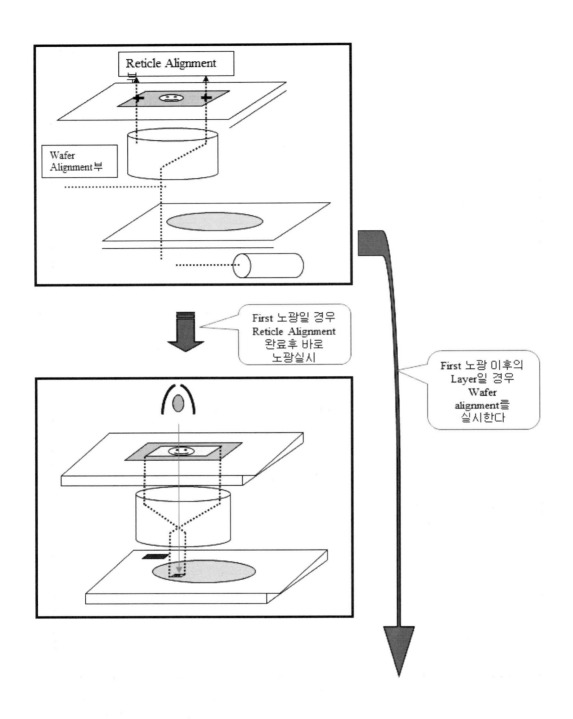

Reticle Alignment
부

Wafer
Alignment 부

First 노광일 경우
Reticle Alignment
완료후 바로
노광실시

First 노광 이후의
Layer일 경우
Wafer
alignment를
실시한다

그림 4.1.2.2 노광장비에서의 노광 순서 모식도

4.1.3 노광기 구성 모듈

4.1.3.1 조명광학계(Illumination System)

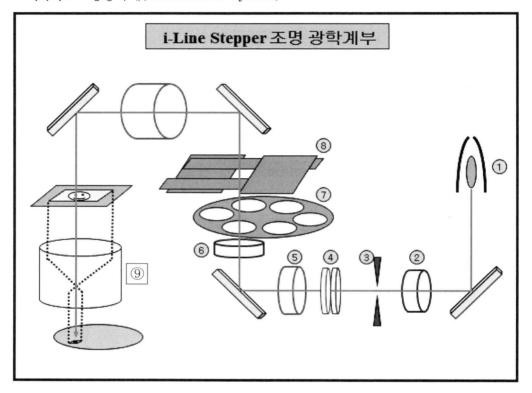

그림 4.1.3.1.1 I-Line 스테퍼(Stepper) 조명광학계부 구성 모식도

노광기의 구성 모듈 중 핵심이 되는 유닛(Unit)인 조명광학계는 광원을 사용하여 빛(광)을 생성한 후 웨이퍼 위에 레티클의 형상대로 빛을 전사시켜주는 역할을 하는 것으로 주요 구성 부품과 역할은 다음과 같다.

① 초고압 수은 램프

　　노광하기 위한 광원으로 2개의 파장(436nm, 365nm)을 유효하게 사용할 수 있고 수명이 길고 안정된 조사 강도를 가진다. 반사 타원 거울을 사용하여 램프에서 나온 빛을 효율적으로 집광시켜 광을 생성한다.

② 콜렉터 렌즈(Collector Lens)

집광 렌즈로 수은 램프에서 나온 빛을 효과적으로 모아주는 역할을 한다.

③ 셔터(Shutter)

셔터를 ON/OFF 하여 빛을 통과/차단할 수 있고 노광 시간을 제어할 수 있다.

④ 간섭 필터(Filter)

수은 램프에서 나오는 여러 파장의 빛 중에서 노광에 사용하는 파장(365nm)의 빛만 뽑아내는 필터이다. 전단은 Sub Filter로 360~370nm를 1차로 걸러주고, 후단은 Main Filter로 365nm 파장의 빛만 선택하도록 걸러서 통과시킨다.

⑤ 인풋 렌즈(Input Lens)

컬렉터 렌즈(Collector Lens)에서 나온 빛을 평행광으로 만들어 준다.

⑥ 플라이 아이 렌즈(Fly Eye Lens)

조도 불균일성을 제거하기 위해 사용한다. 작은 렌즈를 종횡으로 여러 개를 조합하여 제작한 것으로 마치 파리의 눈 모양을 하고 있다.

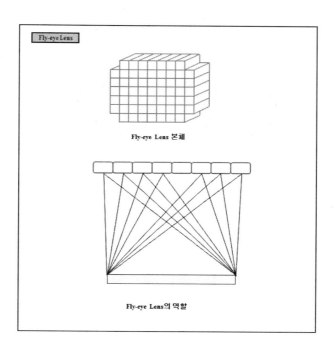

그림 4.1.3.1.2 플라이 아이 렌즈(Fly Eye Lens) 모식도

⑦ 어퍼쳐(Aperture)

　리볼버(Revolver) 안에 최대 6개의 어퍼쳐(Aperture)를 장착할 수 있으며 어퍼쳐
(Aperture)의 배열과 크기를 레티클(Reticle) 패턴(Pattern)에 대해 최적화함으로
써 해상도(Resolution)와 초점심도(DOF; Depth of Focus)를 향상시킬 수 있다.

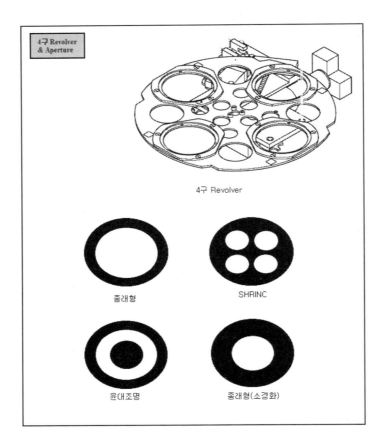

그림 4.1.3.1.3　4구 어퍼쳐(Aperture) 리볼버(Resolver) 모식도

⑧ 레티클 블라인드(Reticle Blind)

　빛을 차광하는 것으로 실제 웨이퍼에 노광되는 광의 노광 범위를 지정할 수 있다.

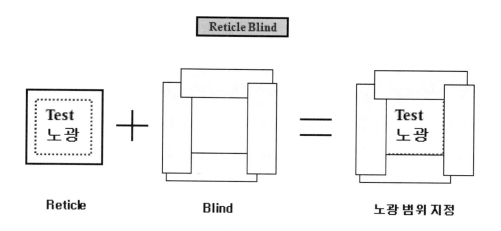

그림 4.1.3.1.4 레티클 블라인드(Reticle Blind) 모식도

⑨ 축소투영렌즈(Reduction Projection Lens)

레티클 형상을 웨이퍼 위에 몇 분의 일로 축소하여 노광하는지에 대한 배율을 결정하는 최종단에 위치한 렌즈로서 장비의 해상도 및 초점심도 등의 성능을 결정하는 중요한 역할을 한다.

4.1.3.2 적산노광제어

I-Line Stepper에서는 셔터를 Open, Close하면서 노광 시간을 제어한다. 반면에 KrF나 ArF와 같은 Deep UV Stepper에서는 셔터를 Open, Close하는 대신 노광시에 레이저를 방출하고 비노광시에는 레이저를 방출하지 않는 것으로 노광시간을 제어한다. 노광 시간의 제어 방법은 Timer 제어 방식과 Integrator 제어 방식 2가지가 있다. 통상 Integrator 제어 방식을 많이 이용한다. Timer 제어 방식은 입력 타임과 셔터 Open 타임을 일치시키는 방식이다. 노광 Power의 변화에 따라 노광량의 변화가 일어난다.

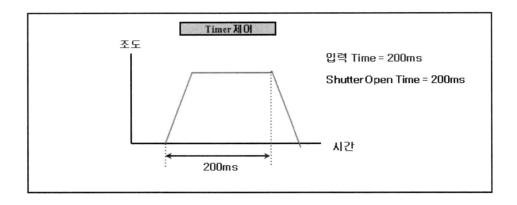

그림 4.1.3.2.1 Timer 제어 방식 모식도

이에 반해 Integrator 제어 방식(적산 노광 제어 방식)은 노광 Power의 변화에 수반되는 광량의 차이를 측정하여 셔터 Open Time을 자동으로 변화시켜서 전체의 노광량을 같게 한다.

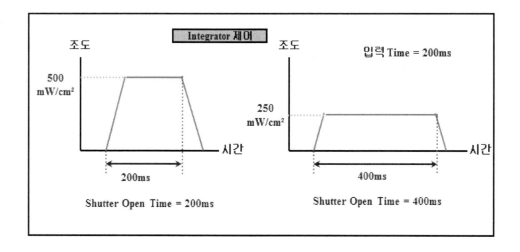

그림 4.1.3.2.2 Integrator 제어 방식 모식도

4.1.3.3 렌즈 콘트롤러 부 (Lens Controller Unit)

노광기의 메인 렌즈인 축소투영렌즈 (Reduction Projection Lens)의 해상도 능력의 향상과 오버레이(Overlay) 정밀도를 향상하기 위하여 배율 제어와 Focus Tracking을 수행하는 역할을 하는 유닛을 렌즈 콘트롤러 유닛이라고 한다.

(1) 배율 제어부

Bellows Unit을 구동시키는 것에 의해 축소투영렌즈 내의 제어실의 압력을 정밀하게 제어 한다.

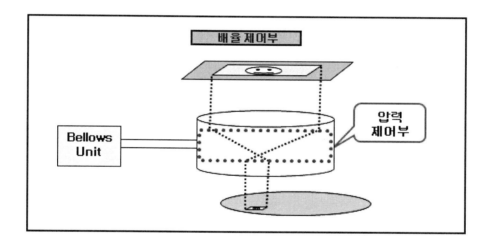

그림 4.1.3.3.1 배율제어부 모식도

(2) Focus Tracking부

AF(Auto Focus) Having과 일체화 되며, 대기압, 제어실 압력, User Offset량에 의한 Focus 이동량을 Focus Control 연산부에서 구해진 Having을 움직여서 Auto Focus 위치를 정밀하게 변화시켜서 Focus Tracking을 한다. 또한, 렌즈의 온도 제어도 중요하다. 렌즈 온도제어는 렌즈온도제어시스템(LLTC)을 사용하여 렌즈의 온도를 +/-0.01℃까지 제어할 수 있다.

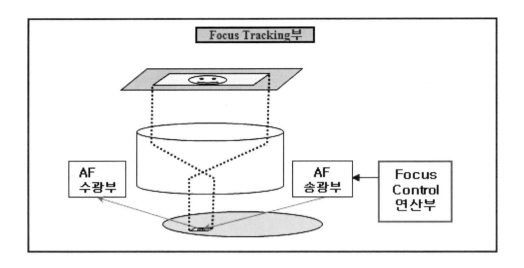

그림 4.1.3.3.2 Focus Tracking부 모식도

4.1.3.4 스테이지 부 (Stage Unit)

노광기에는 Reticle Stage와 Wafer Stage로 크게 2가지 종류의 Stage가 있다. 각각의 Stage에는 간섭계(Interferometer)가 있어서 이를 이용하여 Stage의 이동경에 의해 반사되어 오는 빛의 검출을 통해 Stage의 위치를 초정밀하게 산출 및 제어한다.

(1) 간섭계(Interferometer)

두 개의 고주파를 갖는 Zeeman Laser를 광원으로 사용하여 편광 거울 및 편광 플레이트를 이용하여 입사한 빛과 반사되어 수광된 빛과의 주파수 차이를 분석함으로써 Stage의 위치 및 이동 경로를 파악하여 Stage Driver에 피드백(Feed-Back)하여 Stage 이동량을 제어할 수 있도록 하는 장치이다.

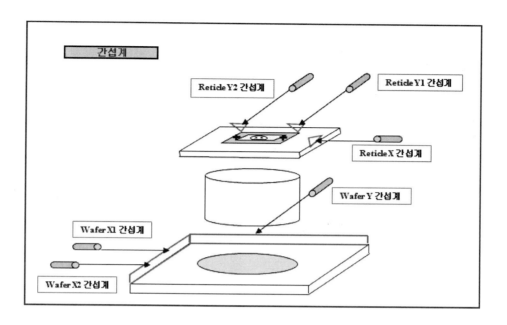

그림 4.1.3.4.1 간섭계(Interferometer) 장치 모식도

(2) Wafer Stage

Wafer Stage는 전후, 좌우 방향으로 움직이는 X, Y Stage와 상하 방향으로 움직이는 Z Stage, 일정한 각도로 회전하는 Θ Stage, 4개의 Stage로 구성되어 있다.

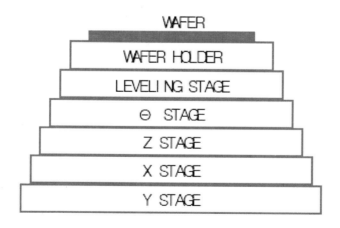

그림 4.1.3.4.2 Wafer Stage 구성 측면 모식도

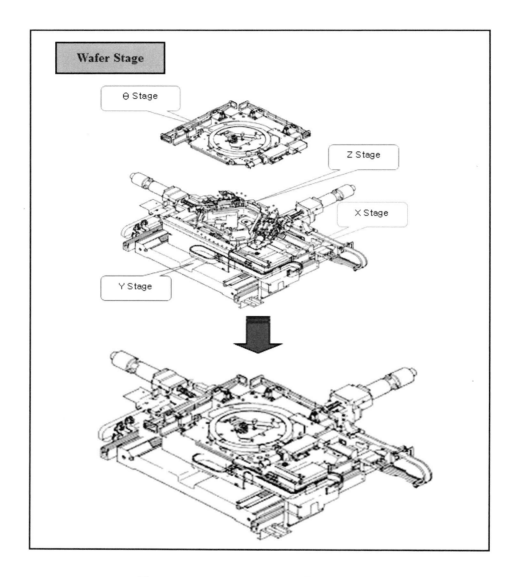

그림 4.1.3.4.3 Wafer Stage 구성 모식도(3D)

θ Stage는 Wafer 상에 형성된 Alignment Mark를 검출하여 회전량을 보정하여 Wafer를 정렬시키는데 사용한다. Lamp 노광량 모니터는 램프에서 나오는 노광량 측정에 사용되며, 조도 Uniformity Sensor는 이미지 Field 내의 램프 Intensity를 측정하는데 사용된다.

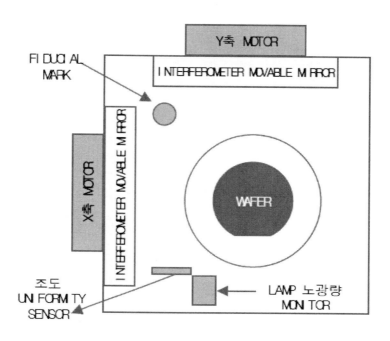

그림 4.1.3.4.4 Wafer Stage 구성 모식도(위에서 본 그림)

(3) Auto Focus & Auto Leveling

　-Auto Focus: 노광을 하기 위해서는 렌즈의 초점 위치에서 Wafer가 이동해야 한다.
Auto Focus 부에서는 Wafer의 Z 위치를 산출하여 보정량을 계산한다. 이 보정량
만큼 Wafer Stage의 Z축 모터가 구동하여 위치 보정이 이루어진다.

　-Auto Leveling: Auto Focus 후 노광되는 1 Shot의 평탄도를 check하는 과정을
　　말한다. Wafer의 기울어짐이나 굴곡을 감지하여 보정하여 노광시 노광영역 전체가
　　초점심도(DOF) 안에 들어 오도록 한다. Z축 모터 1,2,3에 의해 보정이 이루어진다.

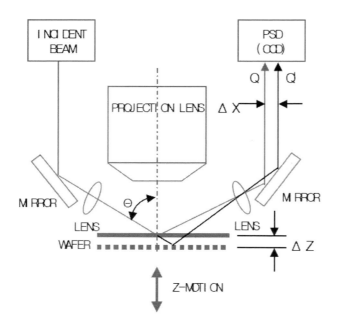

그림 **4.1.3.4.5** Auto Focus System 구성 모식도

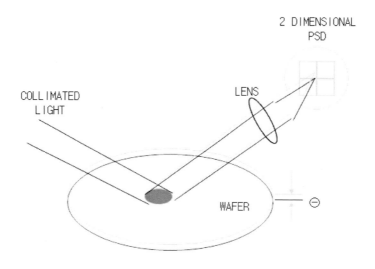

그림 **4.1.3.4.6** Auto Leveling System 구성 모식도

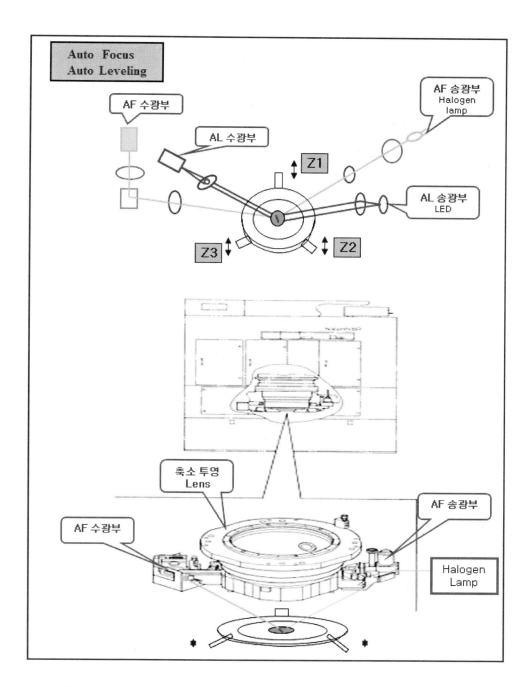

그림 4.1.3.4.7 Auto Focus & Auto Leveling System 구성 모식도(3D)

(4) Reticle Stage

Reticle Stage는 좌우 방향의 X 축과, 전후 방향의 Y 축 구동부로 이루어져 있다. Y 축에 구동부와 간섭계가 2개인 것은 Reticle Rotation을 보정해 주기 위함이다.

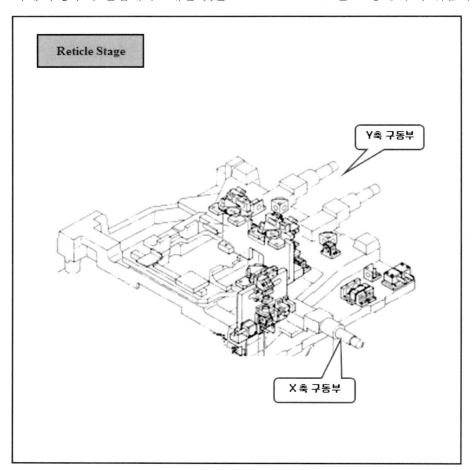

그림 4.1.3.4.8 Reticle Stage 구성 모식도(3D)

-Reticle Alignment: Reticle Stage에 Reticle을 위치시킨 후 Reticle상의 Alignment Mark를 이용하여 Reticle detector(현미경)에서 정확한 Align 위치를 산출한 후 위치 보정을 실시한다.

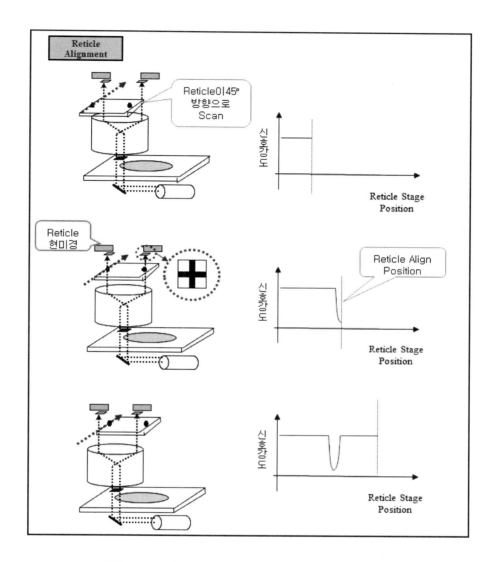

그림 4.1.3.4.9 Reticle Alignment 수행 모식도

Retcle Stage의 이동에 문제가 생길 경우는 패턴 간 정렬(Alignment)이 제대로 일어나지 않고 벗어나는 현상이 일어나기 때문에 반드시 정렬 정도를 검증하여야 한다.

4.1.4 해상도(Resolution)와 초점심도(DOF;Depth of Focus)

4.1.4.1 해상도(Resolution)

반도체 칩(Chip)을 제조하는데 사용되는 설계 작업 시 칩을 가능한 작게 설계하여야 Wafer 한 장에서 만들어지는 칩의 숫자를 늘릴 수 있다. 이러기 위해서는 칩을 작게 설계하기 위한 설계 룰(Design Rule)을 결정하여야 한다. 설계 룰을 작은 치수로 만들면 이에 따라 Mask 패턴(Pattern) 사이즈도 작아져야 한다. 이렇게 패턴 사이즈를 작게 만들어도 충분히 노광이 가능하여야 하는데 작게 만들어도 노광이 가능한 한계치가 존재하게 되는데 이렇한 한계점을 해상도(Resolution) 또는 분해능이라고 한다.

해상도(최소 선폭의 한계치)는 다음 식으로 나타낸다.

$$R = k_1 \cdot \lambda/NA$$

이 식에서 k_1은 성능 향상을 위한 공정 인자(Process Factor)이고, λ는 노광에 사용되는 광원의 파장(Wavelength)이다. NA는 노광 장치의 렌즈가 갖는 개구수(Numerical Aperture)이다. 식에서 알 수 있듯이 해상도를 향상시키기 위해서는 노광에 사용되는 광원의 파장(λ)을 가능한 짧은 파장을 사용하여야 하고 렌즈 구경을 큰 것을 사용하여 렌즈 성능을 향상시켜서 NA를 크게 하여야 한다. 또한, k_1 공정 인자 향상을 위하여 고성능을 갖는 포토레지스트(PR; Photo Resist)를 사용하고, 변형조명(OAI; Off Axis Illumination), PSM(Phase Shift Mask) 등을 적용하는 것이 필요하다. 이 중 특히 광원의 개선을 위하여 지속적으로 단파장의 광원 사용이 진행되었는데 과거 g-line(436nm), I-line(365nm)의 MUV(Medium Ultra Violet)에서 점차 KrF Laser(248nm), ArF (193nm)의 Deep UV 광원으로 바뀌어 왔으며, 이후 NA 향상을 위하여 굴절율(Refractive Index)이 큰 물(DI Water)을 노광 시 매질로 사용한 액침(Immersion) ArF Laser를 사용하고 있으며 향 후 파장이 13.6nm를 갖는 EUV (Extremely Ultra Violet) 사용이 본격적으로 진행될 것으로 예상된다.

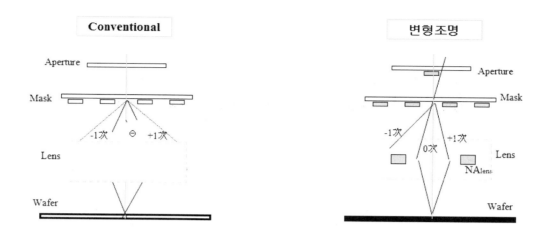

그림 4.1.4.1.1 일반 조명과 변형조명 방식 모식도

변형조명(OAI)은 Aperture의 중심부위를 닫고, 옆을 Open시켜 Reticle(Mask)에 입사되는 빛을 사경사로 입사시켜서 회절 된 -1,0,+1차광 중 -1차광(또는 +1차광)을 차단시켜서 회절각을 줄여서 기존 방식대비 NA를 2배 향상시킬 수 있는 효과를 얻을 수 있고 결국 해상도를 향상시키는 결과를 얻을 수 있다.

그림 4.1.4.1.2 일반 조명과 변형 조명 방식의 개구 모양 모식도

PSM(Phase Shift Mask)이란 마스크에 Phase Shifter란 다른 물질을 부착하여 이를 통과하는 빛 파장의 위상을 180도 반전시켜서 회절에의한 간섭을 없애 해상도를 향상시키는 방법이다.

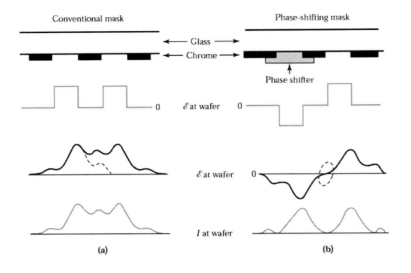

그림 **4.1.4.1.3** 일반 마스크와 PSM(Phase Shift Mask) 방식 모식도

4.1.4.2 초점심도(DOF; Depth of Focus)

노광 공정에서 반도체 칩(Chip)을 제조하는데 있어서 해상도 향상도 중요하지만 레티클의 형상을 웨이퍼 위에 전사시키기 위해 초점을 맞추도록 하는 수직 정렬시 초점심도를 크게 하여 공정의 여유도(margin)를 가능한 크게 하는 것이 중요하다. 해상도 관점에서는 광원의 파장이 짧을수록, NA가 클수록 좋으나, 초점심도는 다음 식에서 나타난 것과 같이 파장이 짧을수록 NA가 클수록 초점심도는 작아져서 공정의 여유도가 작아지는 문제가 발생한다.

초점심도(초점의 수직방향 공정 여유도)는 다음 식으로 나타낸다.

$$DOF = k_2 \cdot \lambda /(NA)^2$$

여기서 k_2는 공정 인자(Process Factor)이다.

즉, 해상도(Resolution)와 초점심도(DOF)는 반비례 개념을 갖고 있으므로 해상도와 초점심도를 동시에 향상시키는 노력이 중요하다. 이를 위해서 변형조명, 새로운 포토레지스트 개발, PSM, OPC(Optical Proximity Correction), ARC(Anti Reflection Coating), CMP(Chemical Mechanical Polishing) 등과 같은 기술들이 도입되었다.

4.1.5 트랙 (Track) 장비 기술의 개요

트랙 장비는 노광기와 함께 포토리소그래피의 필수 주 장비로써 포토레지스트의 도포(Coating), 현상(Develop), 베이크(Soft Bake & Hard Bake) 공정이 수행되는 장치이다. 트랙 장비는 크게 코터유닛(Coater Unit)과 현상유닛(Developer Unit), 핫 플레이트 오븐(Hot Plate Oven), 쿨 플레이트유닛(Cool Plate Unit), 이송 로봇(Transfer Robot)으로 구성되어 있다. 포토레지스트 도포(Coating)는 스핀들(Spindle)을 이용하여 웨이퍼에 포토레지스트를 회전 도포 방식으로 원심력을 이용하여 균일하게 도포하는 방식을 채택하고 있으며, 현상(Develop)은 현상 용액을 웨이퍼 위에 노즐을 사용하여 분사하는 스프레이 방식을 주로 사용하고 있다. 또한 코터 유닛에는 HMDS(Hexamethyldisilane)라는 웨이퍼와의 밀착성을 좋게 하는 약품을 분사시켜 주기위한 Adhesion Unit이 장착되어 있으며 핫플레이트 오븐과 쿨링 유닛이 장착되어 있다. 디벨로퍼(현상) 유닛에도 핫플레이트 유닛과 쿨링 유닛이 장착되어 있다. 또한 반송 로봇이 이들 유닛간을 오가면서 웨이퍼를 이송하여 주는 역할을 한다. 포토레지스트는 환경에 매우 민감한 물질로서 도포나 현상과정에서의 온도, 습도, 풍속 등 환경에 영향을 많이 받으니 취급에 유의하여야 한다.

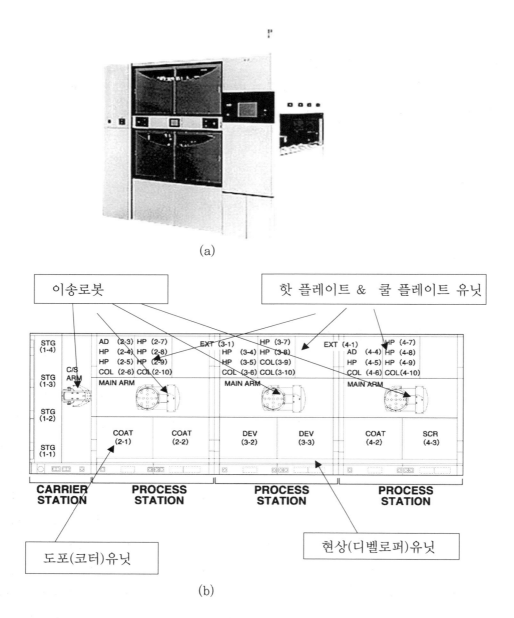

그림 4.1.5.1 트랙 장비 구성도

(a) 트랙 장비 사진

(b) 트랙 장비 주요 구성품 모식도

4.1.6 트랙 장비에서의 웨이퍼 처리 순서

트랙 장비에서 이루어지는 웨이퍼 위에 포토레지스트의 도포(Coating) 및 현상(Develop) 공정 순서는 다음과 같은 단계를 따른다.

1단계: 트랙 내의 카셋트 블록(Cassette Block)에 위치한 웨이퍼를 이송 로봇을 이용하여 HMDS를 도포하기 위한 AD(Adhesion) 유닛으로 옮겨 HMDS를 웨이퍼 위에 뿌려준다. HMDS는 웨이퍼 표면과 포토레지스트 간의 밀착성을 강화하기 위하여 표면을 소수성으로 바꿔주는 역할을 한다.

2단계: 이 후 코터(Coater) 유닛으로 웨이퍼를 이송한 후 코터 유닛내 스핀들 척(Chuck) 위에 웨이퍼를 올려놓고 코터 내 장착된 노즐(Nozzle)로부터 포토레지스트를 도포한다. 웨이퍼는 적절한 회전 속도(RPM)를 갖고 회전하며 웨이퍼 위에 원심력을 이용하여 골고루 포토레지스트를 도포한다. 웨이퍼를 척 위에 정확히 고정시켜 고속 회전 시 웨이퍼가 이탈되지 않도록 유의한다.

3단계: 포토레지스트 도포가 끝난 웨이퍼는 핫 플레이트 오븐에 옮겨져서 소프트 베이크(Soft Bake)를 실시하여 포토레지스트 내의 잔류된 용제(Solvent)를 증발시킨다.

4단계: 소프트 베이크가 완료된 웨이퍼는 이송 로봇을 이용하여 트랙 장비 밖으로 빼내어 진 후 노광 장비로 보내어져 노광 공정을 거친다.

5단계: 노광기에서 노광이 완료된 웨이퍼는 다시 트랙 장비로 이송된 후 핫 플레이트 오븐에 옮겨져서 노광후 베이크(PEB; Post Expose Bake) 공정을 실시한다. 노광 후 베이크 공정은 노광 시 발생한 포토레지스트의 측벽에 발생한 정상파(Standing Wave)로 인한 굴곡을 경감시켜 주기 위한 열처리 공정이다.

6단계: 노광 후 베이크가 끝난 웨이퍼는 이송 로봇에 의해 현상기(Developer)로 옮겨진다. 웨이퍼를 현상기의 스핀들 척 위에 올려놓고 웨이퍼를 고속으로 회전시키며 현상용액(Developer)를 분사한다. 현상액은 2.38% TMAH(Tetra Methyl Ammonium Hydroxide) 용액을 사용한다. 현상이 과다하게 진행되거나 부족하게 진행되지 않도록 유의한다. 이 후 초순수(DI Water)를 공급 노즐을 통하여 분사하여 웨이퍼 위에 잔류한 현상액을 깨끗이 씻어낸다.

7단계: 현상기에서 현상이 완료되면 이송 로봇을 이용하여 웨이퍼를 핫플레이트 오븐에 넣어서 하드베이크(Hard Bake)를 실시하여 현상 후 남아 있는 현상액을 완전히 제거함과 동시에 포토레지스트를 최종적으로 경화시킨다.

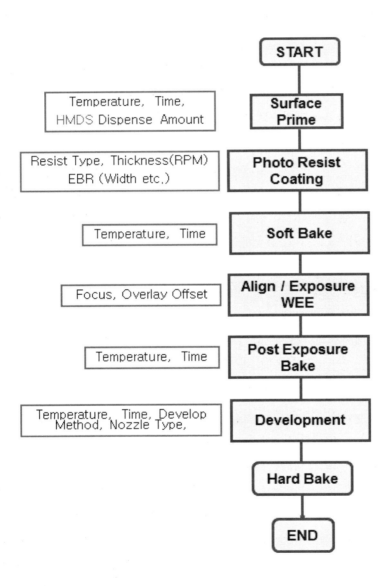

그림 4.1.6.1 트랙 장비에서의 웨이퍼 처리 순서도

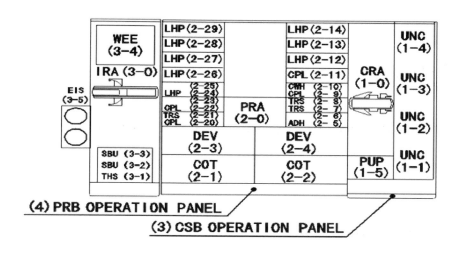

(a)

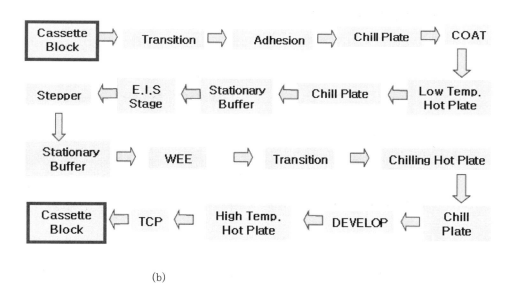

(b)

그림 4.1.6.2 트랙 장비 구성 모식도와 트랙장비에서의 웨이퍼 처리 Flow

(a) 트랙 장비 구성 모식도

(b) 트랙장비에서의 웨이퍼 처리 Flow

4.1.7 트랙 장비 구성 모듈

트랙 장비는 크게 HMDS Prime Module, 포토레지스트 Coating Module, 포토레지스트 Developer Module, Bake Module, Cooling Module, 이송 로봇으로 구성되어 있다. 각 모듈의 역할에 대해 알아보도록 한다.

4.1.7.1 HMDS Prime Module

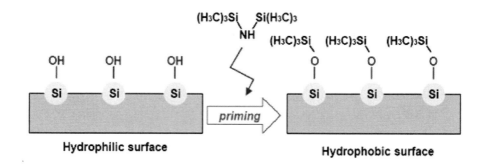

그림 4.1.7.1.1 HMDS Prime 화학적 반응 모식도

HMDS라는 화학용액을 웨이퍼 표면에 뿌려주면(Priming) 웨이퍼 표면과 반응하여 웨이퍼 표면을 소수성(물기를 배척하는 성질)으로 만들어 주어 이후 감광액(포토레지스트) 도포(Coating)시 포토레지스트와 웨이퍼 표면과의 접착력(Adhesion)을 증대시켜 주는 역할을 한다. 이러한 공정이 이루어지는 HMDS Prime(Adhesion) 모듈의 구조는 다음 그림과 같다.

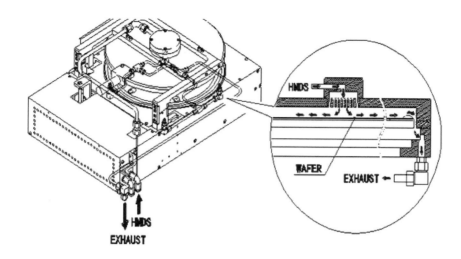

(a)

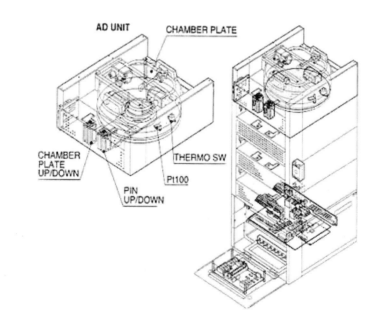

(b)

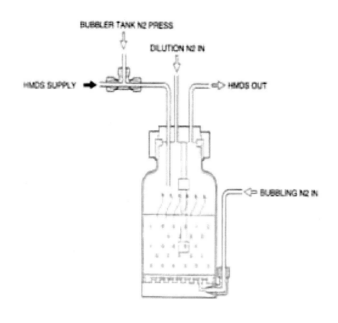

(c)

그림 4.1.7.1.2 HMDS Prime(Adhesion) Module 구성도

　　(a) 구성 개략도

　　(b) 구성 세부 구조

　　(c) HMDS Bubbler

　공정 진행은 먼저 HMDS Prime(Adhesion) 유닛 내부를 강제로 공기를 배출하여 진공으로 만든 후 N_2를 HMDS Bubbler에 공급하여 HMDS를 기화시켜 Wafer 표면에 도포한 후 일정시간동안 HMDS를 흘린 다음 유닛 내에 잔류된 HMDS를 강제 배기 시킨다.

4.1.7.2 Coater Module

포토레지스트(감광막)을 입히는 모듈을 Coater Module이라고 한다. 포토레지스트에는 두가지 타입이 있는데 감광 받은 부위가 현상(Develop)과정에서 현상액에 분해 (Decomposition)되어 제거되는 타입의 포토레지스트를 Positive Resist라고 하며, 그와 반대로 감광 받은 부위가 현상과정에서 결합(Cross Link)하여 남고 감광 받지 않은 부위가 제거되는 타입의 포토레지스트를 Negative Resist라고 한다.

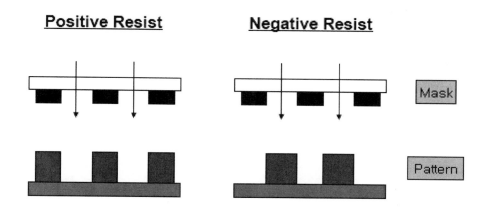

그림 4.1.7.2.1 포토레지스트의 2가지 타입 비교도

포토레지스트(감광액)을 웨이퍼에 도포하기 위한 모듈인 Coater 유닛은 포토레지스트를 노즐(Nozzle)을 사용하여 웨이퍼위에 분사시키며 웨이퍼를 지지하고 있는 척을 지지하고 있는 스핀들을 모터로 고속 회전을 시켜서 원심력에 의해 웨이퍼 중앙에 분사된 포토레지스트가 웨이퍼 전면으로 퍼져나간다. 포토레지스트의 두께는 공정에따라 적정한 두께가 정해지는데 두께를 조정하는 변수(Parameter)는 모터 회전수와 포토레지스트의 점도 (Viscosity)에 의해 결정되며, 두께의 균일도(Uniformity)는 포토레지스트의 온도, Coater 유닛 내부의 온도, 습도, 배기 정도에 따라 달라지므로 이들에 대한 세심한 관리가 매우 중요하다. 또한 Coater 유닛 내의 청정도 유지가 제대로 관리되지 않으면 파티클 (Particle) 오염 문제가 발생할 수 있으므로 청정도 관리에 유의하여야 한다.

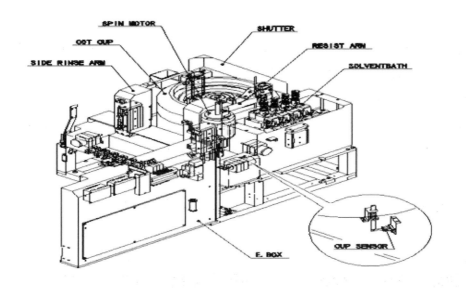

SPIN MOTOR
OCT CUP
SHUTTER
SIDE RINSE ARM
RESIST ARM
SOLVENTBATH

E. BOX
CUP SENSOR

(a)

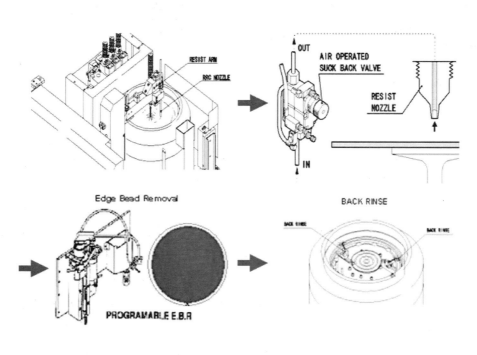

RESIST ARM
RRC NOZZLE

OUT
AIR OPERATED
SUCK BACK VALVE
RESIST NOZZLE
IN

Edge Bead Removal

PROGRAMABLE E.B.R

BACK RINSE

BACK RINSE
BACK RINSE

(b)

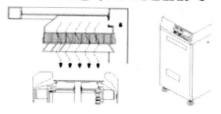

T & H CONTROLLER
습도 45% 풍속 0.3 m/s 온도 23 ℃

BACK RINSE

* Coating 조건
  풍속: 0.3m/s
  습도: 45%
  온도: 23.0℃

(c)

그림 4.1.7.2.2 Coater 모듈 구성도 및 Coating 과정 모식도
  (a) Coater 모듈 구성도
  (b) Coating 과정(Process) 모식도
     포토레지스트 도포-〉 웨이퍼 에지(edge)부 및 웨이퍼 뒷면
     (backside) 포토레지스트 제거(edge bead removal)
  (c) Coater내 환경 제어(온도, 습도, 풍속)

4.1.7.3 Soft Bake Module

포토레지스트(감광액)의 구성 성분을 보면 레진(Resin)이라는 고형체 성분과, 빛에
반응하는 감응제(Sensitizer), 용제(Solvent), 부가 첨가제(Additive)로 구성되어 있는데,
이중에서 용제는 포토레지스트를 액상으로 유지시켜 포토레지스트를 웨이퍼 전면에 도포
가 용이하게 해 주는 역할을 한다. 일단 Coater 유닛에서 포토레지스트가 웨이퍼에 도포가
된 이후에는 이 용매를 제거시켜 주는 공정이 필요하다. 이 공정을 Soft Bake 공정이라
하고 이 공정이 진행되는 유닛을 Soft Bake Module이라 한다. 핫 플레이트 오븐(Hot
Plate Oven)에서 90~100℃에서 수 십~수 백 초 간 가열하여 용재(Solvent)성분을
증발 시킨 후 쿨 플레이트 유닛(Cool Plate Unit)에서 23~25℃ 정도에서 수 십초 동안
냉각시킨다. 온도와 시간은 Recipe로 설정할 수 있다.

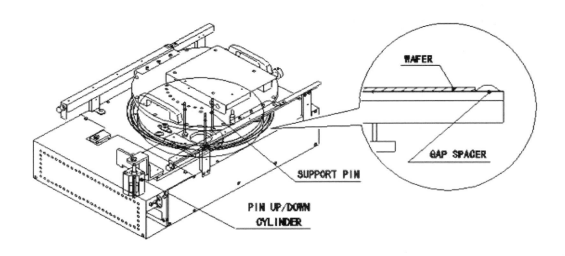

그림 4.1.7.3.1 Soft Bake 모듈 구성도

4.1.7.4 Post Expose Bake Module

스테퍼나 스캐너 같은 노광기에서 노광이 끝난 웨이퍼는 노광시 발생하는 정재파(Standing Wave) 형태의 측벽의 데미지(Damage)가 발생하는데 이를 없애주기 위해 핫 플레이트 오븐(Hot Plate Oven)에서 열처리 하는 공정을 Post Expose Bake 라고 하며 이를 진행하는 장치를 Post Expose Bake Module이라고 한다. Soft Bake Module과 유사하게 Proximity Bake 방식을 사용한다. 통상 110~120℃에서 수 십~수 백초 간 가열하며, 가열 후 23~25℃에서 수 십 초간 냉각시킨다. 온도와 시간은 Recipe로 설정할 수 있다.

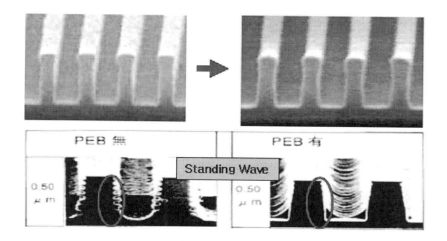

(a)

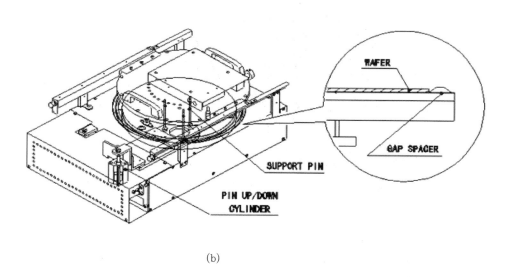

(b)

그림 4.1.7.4.1 PEB(Post Expose Bake)공정 유무에 따른 포토레지스트 측면도 및 모듈 구성도

(a)PEB(Post Expose Bake)공정 유무에 따른 포토레지스트 측면도

(b)PEB 모듈 구성도

4.1.7.5 Developer Module

Post Expose Bake 가 끝난 웨이퍼를 노광 시 감광된 패턴대로 포토레지스트(감광액)를 현상하는 모듈을 Developer Module이라고 한다. Coater Module과 유사하게 웨이퍼를 스핀들 위 웨이퍼 척에 올려 놓고 웨이퍼를 고속으로 회전시키면서 노즐(Nozzle)을 이용하여 현상액(Developer)을 웨이퍼 위에 분사시킨다. 일정 시간 경과한 후 현상이 끝나면 초순수(DI Water)를 웨이퍼 위,아래에 분사시켜 잔류된 현상액을 모두 제거시킨다.

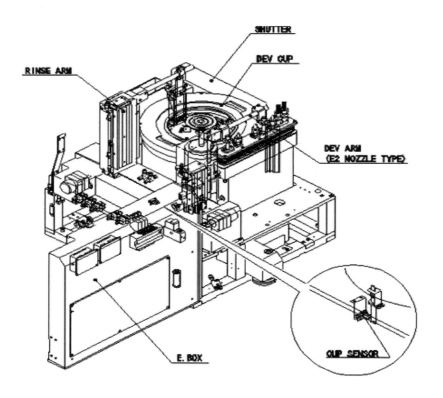

(a)

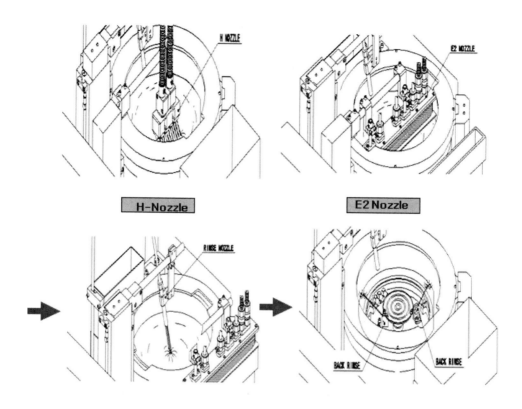

H-Nozzle

E2 Nozzle

※ Process 개요

Wafer → Spin chuck → Resist Arm → 고속 회전 →현상액 (NMD-W)

Dispense → Suck Back →D.I Dispense → 고속 회전(dry) → Wafer

(b)

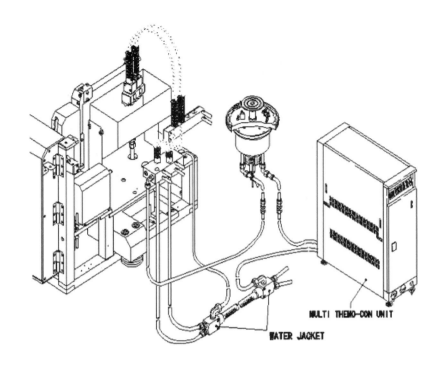

MULTI THERMO-CON UNIT

WATER JACKET

*현상액 온도 조절 기능
Multi Thermo Con-Unit 에 의해 온도가 제어된 DI로 현상액이나 Motor
Flange 부의 온도를 제어함으로써 선 폭('CD')의 안정성과 재현성을 유지
하도록 하는 기능.

(c)

그림 4.1.7.5.1   Developer 모듈 구성도, Develop 공정 순서도 및 현상액 온도 조절기
구성도
(a)Developer 모듈 구성도
(b)Developer 공정 순서도
(c)현상액 온도 조절기 구성도

4.1.7.6 Cool Plate Module

Soft Bake, Post Expose Bake, Hard Bake 공정이 끝나면 이 들 공정 과정에서 가열된 웨이퍼를 상온으로 냉각(Cooling)시켜 주는 공정이 필요하다. 이 들 공정을 Cooling 공정이라고 하며 이 공정이 진행되는 유닛을 Cool Plate Unit이라고 한다. 펠티에(Peltier) 효과를 이용한 전자 냉각 방식을 사용하며 PID 제어로 온도를 Control 한다.

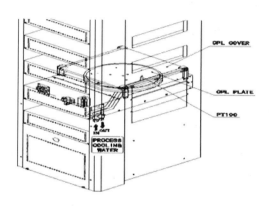

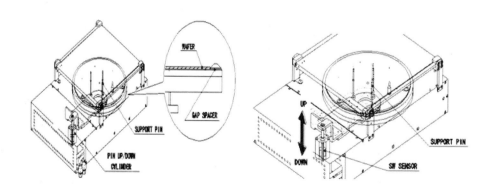

그림 4.1.7.6.1 Cool Plate 모듈 구성도

4.2 식각(Etching) 장비

4.2.1 식각(Etching) 장비 기술의 개요

포토리소그래피 공정이 끝나면 대부분의 경우 뒤따르는 공정이 식각(Etching) 공정이다. 현상이 끝난 패터닝(Patterning)된 웨이퍼 상 포토레지스트가 제거된 부위로 식각에 사용되는 화학 약품(Chemical)이나 화학 가스(Gas)를 흘려 하부 막질과 반응하여 식각시키는 것이 식각 공정의 역할이다. 식각 공정은 화학 약품(Chemical)을 사용하는 습식 식각(Wet Etching)과 화학 가스(Gas)를 사용하는 건식 식각(Dry Etching)으로 크게 나눌 수 있는데 습식 식각은 식각 단면(Profile)이 측면 침식되는 현상이 일어나 최근에는 주로 이러한 측면 침식이 일어나지 않는 건식 식각을 주로 사용하고 있다. 건식 식각 장비는 식각 대상 물질에 따라 장비가 구분되는데 산화막등 유전체를 식각하는 장비를 산화막 식각 장비(Oxide Etcher), 폴리실리콘을 식각하는 장비를 폴리실리콘 식각 장비(Poly Etcher), 금속 박막을 식각하는 장비를 금속 식각 장비(Metal Etcher), 포토레지스트(감광막)을 식각하는 장비를 에셔(Asher)라고 부르며 각각 다른 시스템으로 구성되어 있다. 그러나 이들 장비들의 기본적인 구성은 유사하다. 즉 해당 식각이 필요한 특정 박막과 반응하는 가스(Gas)를 가스공급장치(Gas Supply System)를 사용하여 웨이퍼가 위치한 반응 챔버(Process Chamber)내로 공급한 후, 반응 챔버 내에 플라즈마 공급장치(Plasma Generator)를 통하여 플라즈마 발생에 필요한 전력을 공급하여 반응 가스를 플라즈마 상태로 만들어 웨이퍼 상 포토레지스트가 제거된 부위로 플라즈마 상태가 된 반응 물질이 침투하여 특정 지역을 식각하는 시스템으로 구성되어 있다. 에셔(Asher)의 경우는 식각이 완료된 웨이퍼에 남아 있는 포토레지스트를 마지막으로 제거하는 공정이 필요한데 이때 사용하는 장비를 에셔(Asher)라고 한다. 에셔 장비 역시 플라즈마를 사용하며 포토레지스트를 식각하는 산소(O_2)가스를 이온화시켜 포토레지스트와 반응하여 포토레지스트를 제거하는 시스템으로 구성되어 있다.

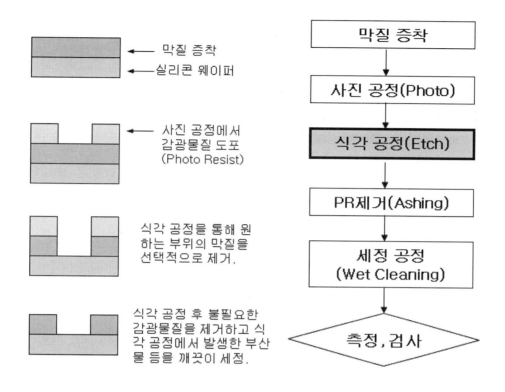

막질 증착
← 막질 증착
← 실리콘 웨이퍼

사진 공정(Photo)
← 사진 공정에서 감광물질 도포 (Photo Resist)

식각 공정(Etch)
식각 공정을 통해 원하는 부위의 막질을 선택적으로 제거.

PR제거(Ashing)

세정 공정 (Wet Cleaning)
식각 공정 후 불필요한 감광물질을 제거하고 식각 공정에서 발생한 부산물 등을 깨끗이 세정.

측정,검사

그림 4.2.1.1 식각 공정 및 에셔 공정 플로우(Flow)

4.2.2 플라즈마 식각(Plasma Etching) 반응의 원리

최근에는 주로 건식 식각이 주류를 이루고 있으므로 건식 식각에 대하여 좀 더 자세하게 살펴보기로 한다. 건식 식각하면 주로 플라즈마 반응을 이용한 플라즈마 식각을 말한다. 플라즈마란 기체 상태의 Gas 분자에 전기적 에너지(부가해서 자기적 에너지를 가하는 경우도 있음)를 가하면 Gas 분자들은 분해 과정을 거쳐 활성화 된 이온(Ion), 라디칼 (Radical), 전자(Electron) 들이 생성된다. 이러한 것들이 혼재되어 존재하는 상태를 플라즈마 상태라고 하며 물질의 제4 상태라고 한다.

아래 그림과 같이 교류 전원의 전력을 전극판(Electrode) 사이에 인가해 주고 그 안에 식각용 가스(여기서는 예로 CF₄ Gas)를 일정량 주입을 하면 극판 사이에 인가된 전기장에 의해 전자가 발생하게 되고 발생된 전자는 운동에너지를 갖고 중성 가스와 충돌하는 반응이 일어나게 된다. 통상 중성 입자보다 2000배 빠르게 운동하는 전자들은 무수히 많은 크고 작은 충돌들을 만들면서 중성 가스들을 이온화 시킨다(Impact Ionization). 이렇게 이온화 과정을 거쳐 생성된 가스 이온(Ion)들과 불안정한 가스 분자상태를 갖는 라디칼(Radical)들은 전기장 내에서 받은 에너지에 의해 웨이퍼면에 방향성을 가지고 충돌하면서 웨이퍼 표면 물질과 반응하면서 식각이 일어나게 된다.

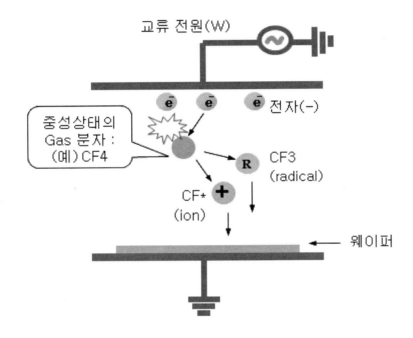

그림 4.2.2.1 플라즈마 식각 공정 모식도

식각 반응에는 주로 이온(Ion)과 라디칼(Radical)에 의해서 식각이 이루어지는데 이온은 주로 물리적 식각(Physical Etching)에 역할을 하고, 라디칼(Radical)은 주로 화학적 식각(Chemical Etching)에 역할을 한다. 이온은 플라즈마 전기장내에서 전기장을 따라 직진성있는 운동을 함에 따라 웨이퍼에 충돌을 하면서 웨이퍼의 막질과 반응하며 막질을 식각하게 된다. 라디칼(Radical)이 이온과 다른점은 분자단위에서 불안정하게 분해된 상태이다. 예를 들어 CF₄라는 가스 분자가 전자와 충돌하면서 CF₃나 CF₂와 같은 형태로 떨어져 나가게 된다. 이렇게 불완전한 구조로 분해된 분자들은 화학적으로 매우 반응성이 높은 성질을 띄게 되어 막질을 구성하고 있는 분자들과 화학적 반응을 일으켜 휘발성 화합물질로 만들어 지면서 막질을 식각하게 된다.

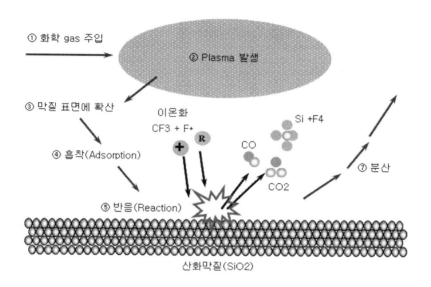

그림 4.2.2.2 플라즈마 식각 반응 원리 모식도
(산화막 식각의 예)

$$SiO_2 + CF_4 \rightarrow SiF_4 + CO + CO_2$$

통상적으로 플라즈마 식각은 라디칼에의한 화학적 식각과 이온에 의한 물리적 식각을 함께 이용하여 식각을 하여 식각 속도를 높이게 되는데 이러한 식각 방법을 RIE(Reactive Ion Etching)이라고 한다. 즉, 이온의 물리적인 충돌로 막질의 결정 구조를 깨트리면서 라디칼(Radical) 성분이 막질과 화학적인 반응을 일으키면서 식각을 하여 물리적 식각에의한 손상을 최대한 줄이면서 효율적인 식각을 하게 된다.

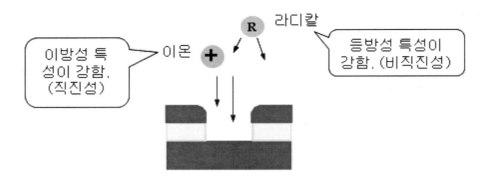

그림 4.2.2.3 RIE(Reactive Ion Etching) 식각 반응 모식도

4.2.3 플라즈마 식각(Plasma Etching) 장비 구성 개요

플라즈마 식각 장비의 구성은 크게 Main 장비와 주변 장비로 구성되어 있으며 Main 장비는 Main Frame에 위치하며 반응 chamber(Process chamber)와 전원 공급과 시스템을 제어하는 제어 유닛(Control unit), 로봇 구동 등 웨이퍼 반송 유닛(Wafer transfer unit), 각종 가스를 공급하는 가스 공급 유닛(Gas supply unit), 장비 앞단에 위치하여 FOUP내 웨이퍼를 이송하기 위한 EFEM(Equipment Front End Module)으로 구성되어 있으며, 주변 장비로는 반응 챔버에 고주파 전력을 공급하는 RF Generator, 챔버내의 진공 유지를 위한 진공 펌프(Vacuum Pump), 펌프에서 배출되는 유해 배기 가스를 정화시켜주는 스크러버(Scrubber), 챔버와 웨이퍼의 온도를 일정온도로 조절해주는 장치인 칠러(Chiller)로 구성되어 있다.

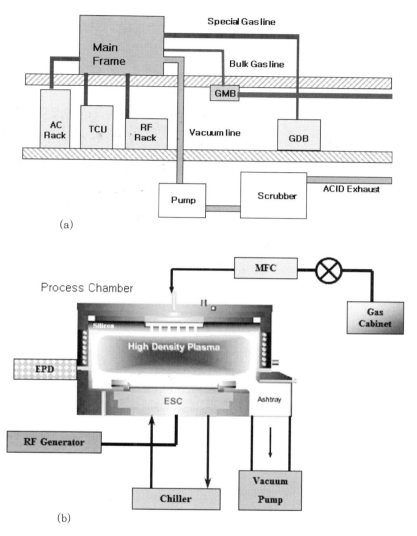

그림 4.2.3.1 플라즈마 식각 장비 구성도

(a) 층별 배치도 (b)장비 구성도

    층별 배치를 보면 통상 Main 프레임은 제일 상층부인 클린룸 내에 위치하며, 전원공급 장치 및 온도조절장치는 중간층(통상 Mezzanine 이라고 부름)에 위치하며, 진공 펌프와 스크러버는 제일 아래층(통상 Sub Fab이라고 부름)에 위치한다. 제일 상층부인 클린룸에 위치한 Main Frame이 주 장비로서 주 장비는 EFEM, Load Lock Chamber, Transfer Chamber, Cooldown Chamber, Process Chamber 등으로 구성되어 있다.

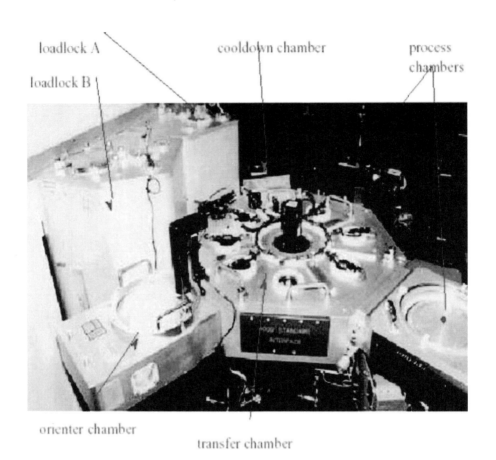

loadlock A
loadlock B
cooldown chamber
process chambers
orienter chamber
transfer chamber

그림 4.2.3.2 Main 장비 구성도

이제부터 Main 장비 및 주변 장비 구성 모듈에 대하여 상세히 설명하기로 한다.

4.2.3.1 반응 챔버(Process Chamber) Module

반응 챔버는 공정 챔버(Process Chamber)라고도 부르며 가스 공급 시스템을 통하여 공정 반응에 필요한 가스가 공급되며, 이들 가스가 챔버내로 골고루 전달 되기 위하여 샤워헤드(Shower Head)를 통해서 가스가 챔버 내로 공급된다. 챔버 내에 고주파 전원장치 (RF Generator)에서 공급된 전력이 손실없이 전달되도록 하기 위한 RF Matcher 가 장착되어 있으며 이들 전력을 받는 전극(Electrode)이 챔버 위, 아래 위치하며 각각 상부 전극(Upper Electrode), 하부 전극(Bottom Electrode)이라고 부른다. 전극의 형태는 장비 제조회사 마다 특색을 가지고 있으며 플라즈마 공급 방식(TCP, ICP, CCP 등)에 따라 챔버 형태가 달라진다. 웨이퍼를 지지하고 있는 부분을 척(Chuck)이라고 하며 과거에는 미케니컬 척(Mechanical Chuck)을 사용하였으나 요즘은 파티클(Particle) 방지를 위하여 정전척(Electrostatic Chuck)을 사용한다. 또한 반응 챔버를 진공으로 유지시켜주기 위한 진공 펌프와 연결된 배기구(Outlet) 및 진공 배관이 장착되어 있으며 반응 챔버내 진공도의 조절을 위한 Throttle Valve와 진공도 측정을 위한 진공게이지가 설치되어 있다, 아울러서 플라즈마 식각이 끝나는 지점을 알려주는 식각 종점검출기(EPD: End Point Detector)가 설치되어 있다. 또한 플라즈마 공정을 효율적으로 진행하기 위하여 프로세스 키트(Process Kit)가 챔버 내부에 장착되어 있다.

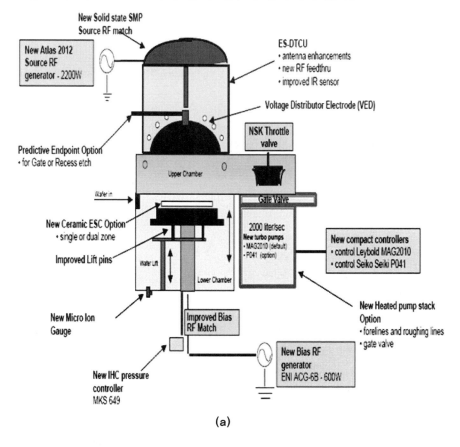

(a)

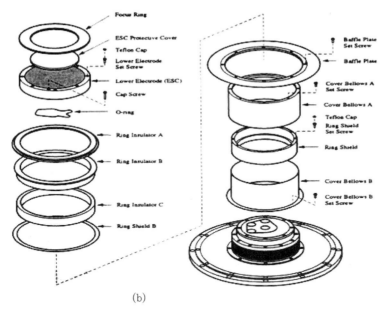

(b)

그림 4.2.3.1.1 반응 챔버 모듈 구성도

(a) 반응 챔버 모듈 구성도 (b) 프로세스 킷(Process Kit)

대표적인 프로세스 킷으로는 플라즈마를 웨이퍼 위에 고루 분포하게 모아주는 실리콘(Si) 또는 실리콘 카바이드(SiC) 재질로 된 포커스 링(Focus Ring)과 RF Power 손실 방지를 위한 Quartz 재질의 인슐레이터 링(Insulator Ring), 가스 역류(Backstream) 방지를 위한 알루미늄 아노다이징(Anodizing)된 배플 플레이트(Baffle Plate) 등이 있다.

4.2.3.2 제어(Control) Module

제어 모듈은 Utility에서 공급받은 전원(AC 파워)을 구동부에 정격 전압으로 재분배하는 역할을 하는 AC Power Distribution(분배)부, Utility에서 공급 받은 AC Power를 직류(DC) 전원으로 변환하여 공급하는 DC Power Supply(공급) 부, 시스템을 제어하는 메인 Mother 보드 및 기타 구동부를 제어하는데 필요한 System Control Board, 장비 구동부의 현재 상황 또는 명령에 대한 수행 결과를 Analog data로 보여주기 위한 것으로 모든 Analog data를 관장하는 Analog Input/Output Board, 구동부에 수행 명령을 주기 위한 것으로 모든 Digital Signal을 관할하는 Digital Input/Output Board, 장비 내의

Robot의 Step 및 구동을 제어하는 Robot Controller로 구성되어 있다.

그림 4.2.3.2.1 AC Rack 과 제어 모듈 구성도

4.2.3.3 웨이퍼 반송(Wafer Transfer) Module

웨이퍼 반송 모듈은 장비의 Main Frame에 부착되어 있으며 EFEM(Equipment Front End Module)에 있는 웨이퍼를 장비 안으로 반송하고, 또한 역으로 장비 안에 있는 웨이퍼를 장비 밖 EFEM으로 반송하는 역할을 수행하는 모듈이다. 주로 로드락 챔버(Load Lock Chamber), 트랜스퍼 챔버(Transfer Chamber), 이송 로봇(Transfer Robot)이 기본으로 구성되어 있으며 경우에 따라서는 웨이퍼를 장비에 정확한 모양으로 일정하게 위치시키는 데 사용되는 웨이퍼 정렬 챔버(Wafer Align Chamber), 웨이퍼의 온도를 실온으로 낮춰주기 위한 쿨다운 챔버(Cooldown Chamber)가 추가로 구성된다. 로드락 챔버의 역할은

EFEM에서 ATM Robot(대기 로봇)이 전달한 웨이퍼를 트랜스퍼 챔버로 전달하는 역할을 하는데 EFEM에 위치한 ATM Robot이 웨이퍼를 pick and place 할 때는 로르락 챔버내의 상태는 대기압 상태가 되고, 트랜스퍼 챔버에 있는 Vacuum Robot(진공 로봇)이 웨이퍼를 pick and place 할 때는 로드락 챔버 내의 상태는 진공 상태가 된다. 트랜스퍼 챔버는 진공 로봇(Vacuum Robot)이 장착되어 있으며 진공 상태에서 로르락 챔버에서 반송된 웨이퍼를 프로세스 챔버(반응 챔버) 내로 pick and place 하고, 프로세스 챔버에서 공정이 완료된 웨이퍼를 다시 pick and place하여 로드락 챔버로 반송하는 역할을 하는 챔버이다. 진공 로봇(Vacuum Robot)은 진공 상태에서 웨이퍼를 로드락 챔버나 프로세스 챔버에 pick and place하는 역할을 수행한다.

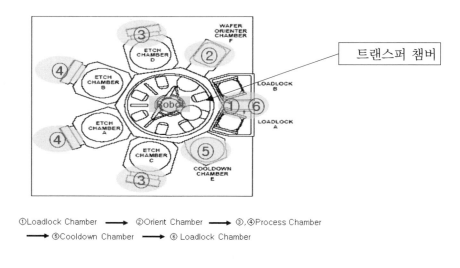

그림 4.2.3.3.1 웨이퍼 반송 모듈 구성도

4.2.3.4 가스 공급(Gas Supply) Module

프로세스 챔버(반응 챔버)에서 공정을 진행하기 위해 필요한 공정 가스를 공급하기 위하여 필요한 모듈로서 가스 케비넷(Gas Cabinet)으로부터 공급된 가스를 적절한 압력과 유량으로 조절하여 프로세스 챔버로 공급하여 주는 역할을 한다. 가스 공급 모듈의 구성을 살펴보면 가스 케비넷으로 부터 장비 내로 공급된 가스를 개폐하는 매뉴얼 밸브(Manual Valve), 가스 압력을 공정에 사용하는 적정 압력으로 조절하는 레귤레이터(Regulator), 가스 배관 및 가스의 불순물을 걸러주는 가스 필터(Gas Filter), 가스 공급 유량을 정확하게

제어하기 위한 MFC(Mass Flow Controller), 가스의 흐름을 전기적으로 개폐(on/off)하는데 사용되는 솔레노이드 밸브(Solenoide Valve), 가스 역류 방지를 위한 체크 밸브(Check Valve)등으로 구성되어 있다.

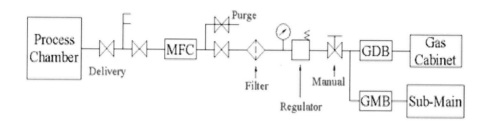

그림 4.2.3.4.1 가스 공급 모듈 구성도

4.2.3.5 EFEM(Equipment Front End Module)

EFEM은 반도체 장비 중 가장 앞면에 위치한 모듈로서 FOUP(Front Opening Unified Pod)를 열어서 내부에 위치한 웨이퍼를 장비 내부의 로드락 챔버(Load Lock Chamber)내로 적재(Loading) 또는 장비 내부의 로드락 챔버로부터 웨이퍼를 반출(Undoading)하여

FOUP 내로 웨이퍼를 적재하는 역할을 하는 모듈이다. 이를 수행하는 반송 로봇은 대기로봇(ATM Robot)을 사용하여 수행한다. FOUP을 위치하는 Load Port가 전면에 3~4개 정도 위치하고 있고 EFEM 내부는 청정도 유지를 위하여 FFU(Fan Filter Unit)가 설치되어 있다. 웨이퍼 얼라이너(Aligner) 장치가 내부에 장착되어 있어 웨이퍼를 일정위치로 정렬한 후에 대기로봇이 웨이퍼를 pick-up하여 로드락 챔버로 이송하게 된다.

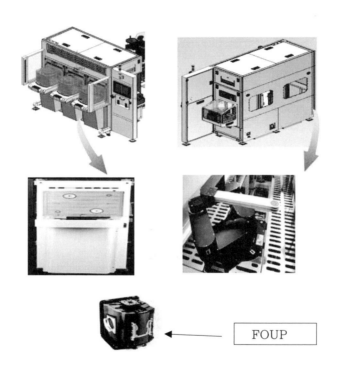

FOUP

그림 4.2.3.5.1 EFEM 모듈 구성도

4.2.3.6 RF 발생기 및 RF 정합기(RF Generator and RF Matcher)

RF System(RF Generator와 RF Matcher)는 공정 챔버 내로 RF 파워(Power)를 공급하여 챔버내에 플라즈마(Plasma)를 만들어 주는데 사용되는 장치이다. RF Generator는 챔버내에 플라즈마를 점화(ignition)하는데 필요한 RF 파워를 공급하는 역할을 하는 고주파 전력 공급 장치이다. 상용 주파수로 주로 13.56 MHz의 주파수를 사용하며 주요 역할은 전력 변환 기능(AC->RF 변환), Low Power 및 Load Impedance가 변하는 구간에서도 안정적인 RF 출력을 확보하도록 하는 기능, 일정 이상의 Reflect Power 감지 시 빠른 검출을 통한 장비 손상을 최소화하는 Arc Detection 기능, 순간정전 방지 대응 기능 등의 여러 가지 기능을 갖추어야 한다. RF Generator의 출력 임피던스(Impedance)는 50Ω으로 한다. 챔버(Load) 저항을 Load Impedance라고 하는데 Load Impedance가 RF Generator의 출력 임피던스 값과 같은 50Ω이 되어야 RF 출력값이 손실없이 최대치로 챔버에 전달된다. 하지만 Load 저항에 C(Capacitance)나, L(Inductance) 같은 복소수 성분이 존재하면 Generator에서 Load로 전달되는 출력의 일부가 Generator 쪽으로 반사되어 되돌아오게 된다. 이를 Reflect Power라고 한다. 이들 Reflect Power값이 최소가 되도록 챔버 앞단에 RF Matcher를 달아서 챔버의 C, L로 인한 복소수 값이 상쇄되도록 만들어 준다. 즉, 챔버의 임피던스를 최대한 50Ω으로 맞춰주기 위한 임피던스 조절장치이다. 매칭 회로 네트워크(Network)는 주로 인덕터(Inductor)와 가변 콘덴서(Variable Condensor)로 구성되어 있어서 로드의 임피던스를 검출하여 이에 맞춰 매칭회로 네트워크의 가변 콘덴서를 작동시켜서 로드 리액턴스(복소수 성분)를 상쇄시켜서 로드 쪽 임피던스를 Generator 쪽 임피던스와 동일하게 만들어 주는 기능을 한다.

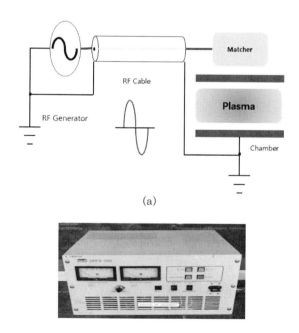

(a)

(b)

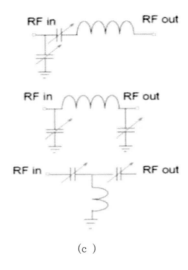

(c)

그림 4.2.3.6.1 RF System 구성도

(a) RF System 구성 모식도

(b) RF Generator

(c)RF Matching Network

4.2.3.7 진공 펌프(Vacuum Pump)

건식 식각 공정에서 챔버 내부는 진공을 유지하여 공정 중 반응하는 반응 부산물 (By-Product)을 챔버 밖으로 배기 시켜야 한다. 아울러서 공정 중 진공 상태를 유지할 때 플라즈마 이온들의 자유행정거리(Mean Free Path)가 길어져서 웨이퍼 내로의 침투를 용이하게 하는 역할도 한다. 이러한 챔버 내의 진공을 만들어 주기 위하여 진공 펌프 (Vacuum Pump)를 사용하는데 건식 식각에서 주로 사용하는 진공 펌프에는 부스터 펌프(Booster Pump), 드라이 펌프(Dry Pump)와 터보 펌프(TMP: Turbo Molecular

Pump)가 있다. 부스터 펌프는 단독으로 사용하지 않고 드라이 펌프와 직렬로 연결하여 사용하는데 평행한 축에 달린 땅콩 모양의 두 개의 회전자(Rotor)가 반대 방향으로 회전하면서 챔버로부터 배기되는 기체를 빠른 속도로 흡입하여 드라이 펌프 인입구(Inlet) 쪽으로 배출한다. 드라이 펌프는 오일(Oil)을 사용하지 않는 펌프로서 부스터 펌프와 유사하게 회전자(Rotor)가 고속 회전하면서 부스터 펌프에서 배출된 반응 가스를 빠른 시간 안에 압축(Compression)하여 배기구(Outlet) 쪽으로 배출한다. 드라이 펌프는 회전 자의 구성 방법에 따라 스크루 펌프(Screw Pump), 루츠 펌프(Roots Pump), 클로우 펌프(Claw Pump)로 나눌 수 있다. 이 둘 펌프(부스터 펌프와 드라이 펌프)를 사용하여 펌프 내를 10^{-3} Torr 정도의 압력으로 만든 다음 터보 펌프(TMP)를 작동하여 원하는 진공 압력으로 만들어 준다. 터보 펌프는 일정한 각도로 나열된 블레이드(Blade)가 고속으 로 회전하면서 펌프 입구로 흡입된 가스 분자들을 하방으로 신속하게 이동시켜 배출시키는 원리로 작동하는 펌프로 짧은 시간 내에 챔버 내부를 고진공으로 만들어 준다.

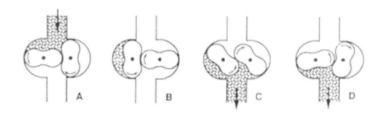

(a)

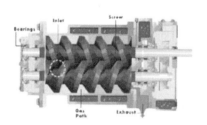

(b)

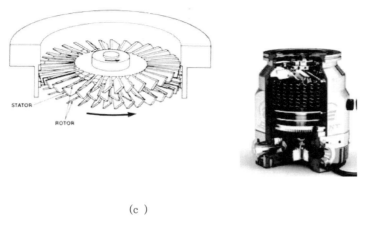

(c)

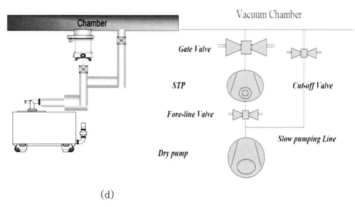

(d)

그림 4.2.3.7.1 진공 펌프 구성도

(a) 부스터 펌프 동작 원리 모식도

(b) 드라이 펌프 내부 구조

(c) 터보 펌프 내부 구조

(d) 건식 식각 장비 진공 펌프 구성 모식도

    진공 펌프를 사용하여 챔버 내부를 진공으로 유지 시킬 때 챔버 내부의 진공도를 측정하여 측정 결과를 피드백하여 설정 진공 수치와 비교를 하여 진공도에 차이가 있을 경우 챔버 하단에 위치한 압력 조절을 위한 트로틀(Throttle) 밸브를 작동시켜서 챔버 내부의 진공도를 일정하게 유지시켜 줄 수 있다. 챔버 내부의 진공도를 측정하는 장치를 진공게이지(Vacuum Gauge)라고 하며 진공도에 따라 그에 적합한 진공 게이지를 선택하여 사용하는데 통상 건식 식각 장치에 사용되는 게이지는 바라트론(Baratron)이라는 캐패시턴스 마노메터 게이지(Capacitance Manometer Gauge)를 사용한다.

그림 4.2.3.7.2 바라트론(Baratron) 진공 게이지

4.3 확산(Diffusion) 장비

4.3.1 확산(Diffusion) 장비 기술의 개요

반도체 소자는 전기적으로 전기를 통하기 위해서는 3가 (Boron 등) 또는 5가 (Phosphorus 등)의 불순물을 웨이퍼에 주입하는 것이 요구되는데 이를 불순물 도핑 (doping)이라고 한다. 불순물 도핑에는 두 가지 방법이 사용되고 있는데 첫 번째 방법이 확산로(Diffusion Furnace)를 이용하여 불순물을 확산로 내에 위치한 석영관(Quartz Tube)에 놓인 웨이퍼에 고온의 분위기에서 장시간 열을 가하여 불순물을 웨이퍼 안으로 침투시키는 방법으로 종래에 주로 사용하던 방법이다. 그러나 이와 같은 방법은 불순물의 정확한 깊이를 제어하기 어려울 뿐만 아니라 불순물의 측면 확산으로 인하여 소자가 미세화된 경우에는 전기적으로 문제가 발생할 수 있다. 따라서 이러한 단점 때문에 확산로 를 이용한 방법 대신 두 번째 방법인 이온주입(Ion Implantation) 기술을 사용한 방법으로 불순물 도핑 방법을 많이 사용하고 있다. 이온주입기술에 대하여서는 추후에 언급하도록 하겠다.

확산로는 크게 수평형 확산로(Horizontal Diffusion Furnace)와 수직형 확산로(Vertical Diffusion Furnace)로 구분되는데 수평형 확산로는 웨이퍼가 놓이는 공정 튜브(Process Tube)가 수평으로 놓인 확산로를 말하며 초기에 개발된 형태로 많이 사용하다가 현재는 거의 사용하지 않고 웨이퍼가 놓이는 공정 튜브가 수직으로 된 수직형 확산로(Vertical Diffusion Furnace)를 대부분 사용한다. 수직형은 수평형에 비해서 클린룸내 면적(Foot Print)를 적게 차지하고 공정 측면에서도 자연 산화막(native oxide) 발생이 거의 없고 공정 품질이 우수한 장점이 있다. 확산로는 확산 공정뿐만 아니라 산화(Oxidation) 공정이나 LPCVD(Low Pressure Chemical Vapor Deposition) 공정용으로도 많이 사용되 는데 산화 공정은 공정 튜브 안으로 산소 혹은 수증기를 주입시켜 고온(800℃~1200℃)에 서 실리콘 기판과 반응하여 SiO_2 산화막(Oxide Film)을 만드는 공정으로서 게이트 산화막 등 절연막을 만드는데 많이 사용된다. LPCVD 공정은 공정 튜브 안을 진공 펌프를 사용하여 튜브내의 압력을 감소시켜서 튜브 내로 증착에 필요한 공정 가스들을 주입시켜서 열적 에너지에 의해 가스들이 분해 또는 반응을 일으켜서 웨이퍼에 막을 증착시키는 공정이다. 증착 막에 따라서 적절한 온도와 압력과 가스 량을 조절하여 막을 형성하게 된다. 확산공정 이든 산화공정이든 LPCVD 공정이든 장비 측면에서의 기본적인 구성은 유사하다. 즉 해당 공정에 필요한 반응 가스(Gas)를 공정 튜브 내로 공급하는 가스 공급 장치(Gas Supply System)와 석영으로 된 공정 튜브(Process Tube), 웨이퍼를 이송하는데 필요한 웨이퍼 반송 장치, 고온의 열에너지를 공급하기 위한 열 공급 장치, 배기 장치, 제어장치로 구성되어 있으며 LPCVD 용 장비의 경우는 여기에 진공 펌프 및 진공게이지가 추가로 구성된다. 이들 세부 구성 장치에 대하여 알아보자.

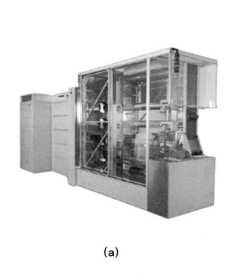

(a)

(b)

그림 4.3.1.1 (a) Horizontal Diffusion Furnace
(b) Vertical Diffusion Furnace

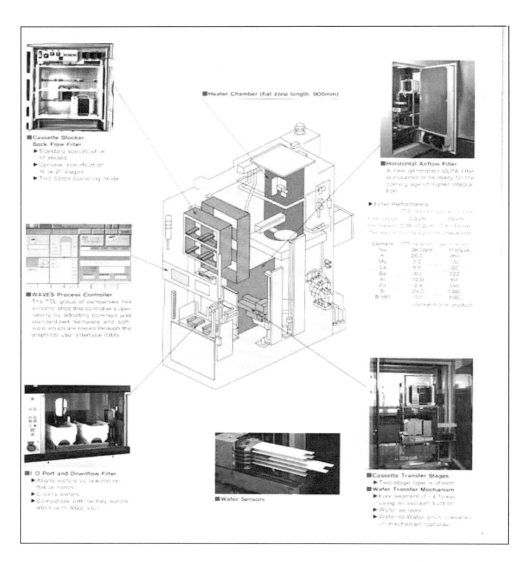

그림 4.3.1.2 Vertical Diffusion Furnace 내부 구성도

4.3.2 Furnace 모듈

Furnace 모듈은 공정 Tube내로 고온의 열을 공급하는데 사용되는 heating chamber와

공정 Tube와 그 주변 유닛으로 구성되어 있다.

4.3.2.1 Heating Chamber

Heating Chamber는 공정에 필요한 열 에너지를 발생시키는 부위로 이 내부에 공정 Tube가 장착되어 공정이 이루어진다. Heating을 시키는 element는 일반적으로 철-크롬-알루미늄 합금(FeCrAl Alloy)인 Kanthal wire를 사용한다. 열선은 조밀하게 감겨져 있으며 열선에 전기적인 전력을 공급하는 장치는 고전압 고전력 제어장치인 SCR(Silicon Controlled Rectifier)을 사용한다. 열선에 전력을 공급하는 부분을 통상 3~7개의 존 (Zone)으로 구분하여 각각 독립적으로 PID 제어 방식을 이용하여 전력을 공급한다. 이는 공정 Tube가 길기 때문에 공정 Tube내의 온도를 모두 일정하게 유지하기 위해서는 길이 방향에 따라 일정 부분으로 나누어서 전력을 공급하는 것이 필요하기 때문이다.

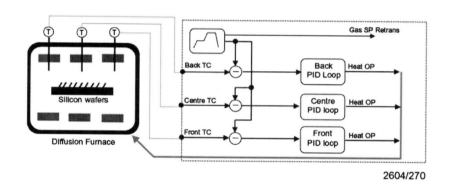

그림 4.3.2.1.1 Diffusion Furnace 온도 Control 구성도(3 Zone)

4.3.2.2 공정 Tube

석영(Quartz) 재질로 만들어진 공정용 Chamber로 모양새가 Tube 모양으로 만들어져 있어서 공정 Tube라고 불린다. 이 내부에 Wafer를 적재한 석영 Boat가 장착이 되어져 있다. 공정 Tube에는 공정에 필요한 가스가 유입되도록 가스관이 연결되어 있으며 별도의 가스 주입용 석영 재질의 인젝터(injector)가 장착되는 경우도 있다. 또한 Tube내의 온도를 감지하기 위한 센서인 Profile TC(Thermo Couple)이 위치하도록 제작되어 있다.

고온용의 경우는 석영 재질 대신 실리콘카바이드(SiC)나 실리콘(Si) 재질로 Tube와 Boat를 구성하는 경우도 있다.

그림 4.3.2.2.1 석영(Quartz) Tube와 석영(Quartz) Boat

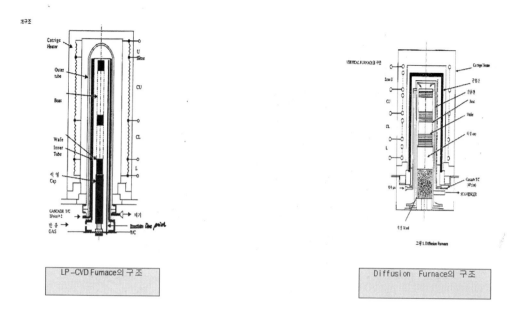

그림 4.3.2.2.2 Furnace 내에 Tube와 Boat가 장착된 개략도

석영 Tube내로 석영 Boat가 장착된 밑면에는 석영 Cap으로 Tube내의 열이 Tube 밖으로 빠져나가지 않도록 해서 Tube내 온도가 일정하게 유지되도록 한다.

4.3.3 반송(Transfer) 모듈

반송(Transfer) 모듈은 Wafer를 담은 카세트(Cassette)를 장치 내로 투입 및 반출하는 역할과 카세트 내의 Wafer를 석영 Boat에 장착 및 반출하는 역할을 수행하는 모듈로서 I/O Port, Boat Stage, Stocker, Boat Elevator, Boat 반송기, Boat 시스템으로 구성되어 있다.

4.3.3.1 I/O Port

작업자(Operator) 또는 OHT(Over Head Transport)로부터 투입된 Wafer 카세트를 Furnace 장치 내부로 투입 또는 반출하는 부분이다. Wafer의 매수 Count, Orientation Flat이나 Notch의 정렬, 카세트의 자세 변환 등이 이루어진다.

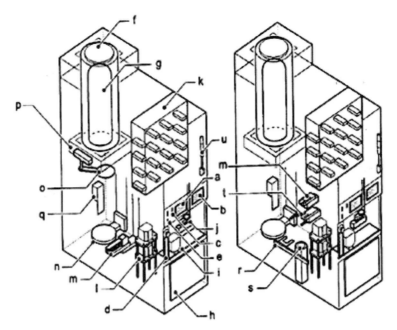

그림 4.3.3.1 Furnace 내에 반송 Module 구성도

4.3.3.2 Boat 반송기

Boat Elevator, Boat Stage 사이에서 Boat를 반송하는 역할을 한다.

4.3.3.3 Boat Elevator

Boat를 Tube내로 Loading, Tube 밖으로 Unloading하는 역할을 한다.

4.3.3.4 Boat Stage

Wafer 반송기에 의해 Wafer를 Charge, Discharge 하기 위한 Stage이다.

4.3.3.5 Wafer 반송기(Transfer)

Transfer Stage와 Boat 사이에서 Wafer 반송기의 Fork가 Boat Stage에 있는 Wafer를 Boat에 Charge 또는 Boat에 있는 Wafer를 Discharge 하는 역할을 하는 장치이다.

4.3.3.6 Stocker

카세트를 수납해 두는 선반이다. 지정된 카세트를 어디에 둘 것인지를 설정할 수 있다.

4.3.3.7 Transfer Stage

Wafer를 Boat에 Charge할 때 카세트를 고정해 두는 Stage 이다. 2개의 카세트를 고정한다. 필요한 카세트는 카세트 반송기에 의해서 Stocker로부터 Transfer Stage 까지 운반된다. 또한 반대로 Boat에서 Discharge된 Wafer가 수납된 카세트는 Transfer Stage에서 Stocker로 운반된다.

그림 4.3.3.2 반송계 Tube Elevator 와 I/O Port

그림 4.3.3.3 반송계 Trassfer Stage, Wafer Transfer, I/O Port

4.3.4 Gas Box 모듈

Gas Box모듈은 Tube 내로 반응 가스를 주입하는 역할을 하는 모듈로서 MFC, Gas Filter, Solenoid Valve, Regulator, Pressure Gauge 등으로 구성되어 있으며, 액체 Source 인 TEOS나 Trans-LC 등을 사용하는 경우는 이를 담는 용기와 온도 Controller 등이 추가로 구성되어 있다.

그림 4.3.4.1 Gas Box Module 내부

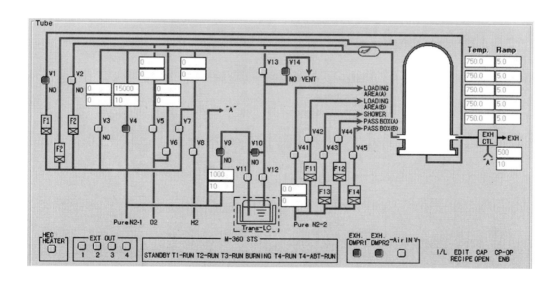

그림 4.3.4.2 Gas Line 구성도

4.3.5 제어 모듈

제어 모듈은 통상 Controller라고 하며, 마이크로 프로세서 등을 탑재하여 온도, Gas, 밸브, 자동 반송 장치 등을 제어한다. 공정 Recipe를 작성하고 Host Computer와 통신을 하여 장비의 정보를 업로드하거나 Host Computer에서의 명령을 수행하는 역할을 한다. LPCVD Furnace의 경우는 진공 펌프 및 진공 밸브의 제어 역할도 추가로 수행한다.

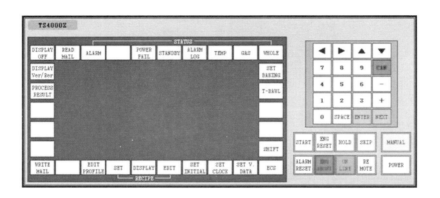

그림 4.3.5.1 제어 Controller Unit

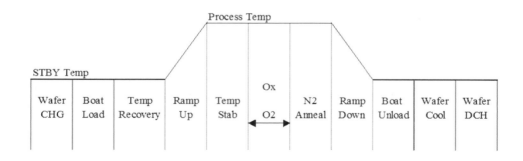

그림 4.3.5.2 산화 공정 Recipe 예시

4.4 이온 주입(Ion Implantation) 장비

4.4.1 이온 주입(Ion Implantation) 장비 기술의 개요

반도체 소자는 전기적으로 전기를 통하기 위해서는 3가 (Boron 등) 또는 5가 (Phosphorus 등)의 불순물(Dopant)을 웨이퍼에 주입하는 것이 요구되는데 이를 불순물 도핑(doping)이라고 한다. 불순물 도핑은 주로 이온 주입 기술을 사용하는데 불순물을 함유한 가스를 이온화 시켜 이온 빔(Beam)을 추출한 다음 이온에 전기적 에너지를 가하여 웨이퍼 표면에 이온 빔을 주입하는 하는 장비를 이온주입기(Ion Implanter)라고 한다. 이온주입기는 주입하는 이온의 양(Dose)에 비례하는 빔 전류(Beam Current) 값에 따라 수백 마이크로 암페어(A)~수 밀리 암페어(A)의 빔 전류 범위를 갖는 중전류 이온 주입기 (Medium Current Ion Implanter), 수십 밀리 암페어(A)의 빔 전류 범위를 갖는 고전류 이온 주입기(High Current Ion Implanter)로 구분하고, 주입하는 가속 전압에 따라 저 에너지 영역~ 중 에너지 영역(1 keV~200 keV)에서 사용하고 있으며 그 이상~ 수 MeV 까지 높은 에너지를 사용하여 주입하는 고에너지 이온 주입기(High Energy Ion Implanter)가 따로 구분 되어 사용되고 있다.

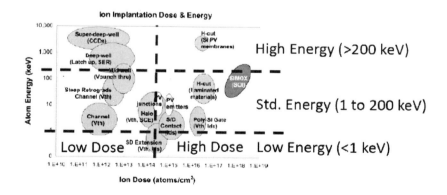

그림 4.4.1.1 도즈(Dose)와 에너지에 따른 이온 주입 방식 분류

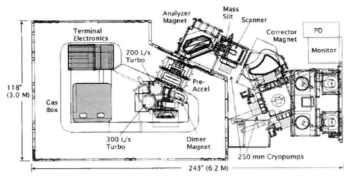

그림 4.4.1.2 Medium Current Ion Implanter

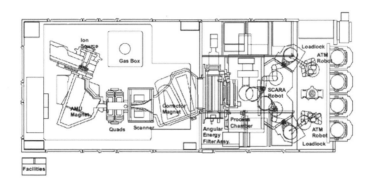

그림 4.4.1.3 High Current Ion Implanter

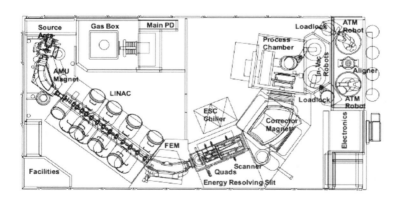

그림 4.4.1.4 High Energy Ion Implanter

이온주입기는 기본적으로 이온 발생 및 추출기로 구성된 이온 소스(Source) 모듈과 질량 분석기, 빔 포커싱기, 이온 가속기, 이온빔 스캐닝장치로 구성된 빔 라인(Beam Line) 모듈, 웨이퍼가 장착되고 이온 도즈(Dose)를 측정하는 파라데이 컵이 장착된 챔버 모듈, 웨이퍼를 이송하는 역할을 하는 엔드 스테이션으로 구성되어 있다. 그리고 가속 전압 및 이온 전류 값에 따라 장치의 구조가 약간씩 다르다. 세부적인 각 구성 모듈에 대해서는 이제부터 하나씩 알아보기로 한다.

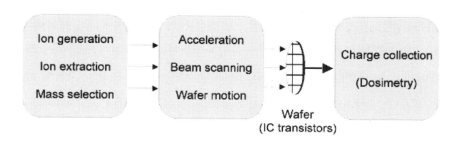

그림 4.4.1.5 이온주입기(Ion Implanter)의 기본 구성도

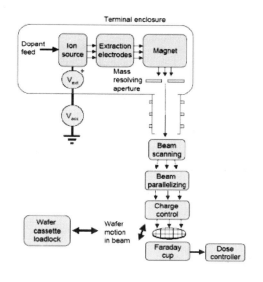

그림 4.4.1.6 이온주입기(Ion Implanter)의 Top View Schematic

4.4.2 이온 소스 (Ion Source) 모듈

이온 소스 모듈은 크게 불순물 가스를 이온화 시키는 아크 챔버 장치와 아크 챔버 장치로부터 이온을 추출하는 역할을 하는 이온 추출장치로 구성되어 있다.

4.4.2.1 아크 챔버(Acr Chamber) 유닛

필라멘트에 전압을 인가하면 필라멘트 표면에서 발생된 일렉트론 소스가 Arc 전압에 의해 bias 되어 있는 아크 챔버로 향하면서 아크 챔버 내로 주입된 중성의 불순물을 함유한 기체와 충돌을 일으켜 기체를 이온화하게 된다. 아크 챔버 상, 하단에 연결된 자석(Magnet)은 일렉트론의 운동 경로를 spiral(나선) 형태로 만들어서 리펠러 플레이트 (Repeller Plate)로 이동하면서 가스와의 충돌을 보다 많이 일으켜 이온화 효율을 증대시키도록 하는 역할을 한다.

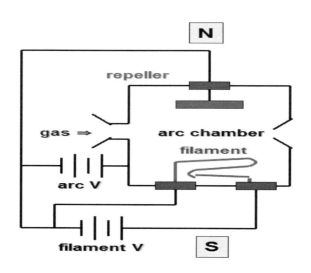

그림 4.4.2.1.1 아크 챔버 유닛 구성도

이온 소스에는 여러 가지 종류가 있는데 아크 챔버 내의 필라멘트는 수명이 있어서 장시간 사용시 열화가 되어 교체를 해야 한다. 과거에는 직접 heating 방식인 Bernas

소스를 사용하였는데 요즘은 필라멘트 수명을 연장하기 위하여 간접적인 heating 방식인 IHC(Indirect Heated Cathode) Long Life 용 소스를 사용한다.

4.4.2.2 이온 추출(Ion Extraction) 유닛

전기적인 전위차를 이용하여 아크 챔버로 부터 이온을 추출하여 빔 형태로 만들어 주는 역할을 하는 유닛이다.

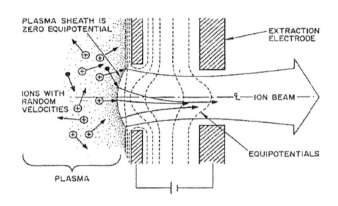

그림 4.4.2.2.1 이온 추출(Ion Extraction) 모식도

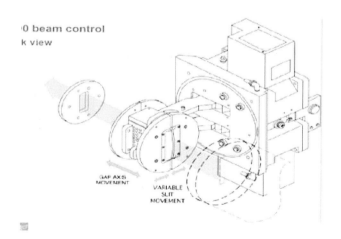

그림 4.4.2.2.2 이온 추출 (Ion Extraction) 유닛 구성도

여기서 그라운드 전극(Ground Electrode) 주변에 머물러 있는 가스 분자와 이온 빔의 충돌로 발생한 이차 전자들이 아크 챔버 쪽으로 되돌아가서 아크 챔버와 충돌을 하여 X-Ray를 발생하는 것을 방지하기 위하여 서프레션 전극(Suppression Electrode)을 만들어 준다.

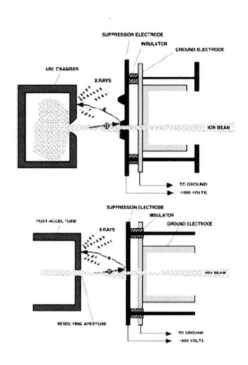

그림 4.4.2.2.3 이온 추출 (Ion Extraction) 유닛에서의 Suppression 전극의 역할

추출된 빔은 전기적으로 같은 전하들을 띄고 있어 서로 배척(Repel)하려는 경향이 있는데 이를 'Space Charge Repulsion' 효과라고 한다. 이러한 효과는 빔을 퍼지게 하는 결과를 가져와서 이를 방지하기 위하여 이온과 반대의 전하를 갖는 일렉트론들을 주입하여 중화를 시켜주는데 이를 'Space Charge Neutralization' 효과라고 한다. 서프레션 일렉트로 드는 이러한 일렉트론들을 빔과 합류시켜 양이온들로 구성된 빔을 분산시키는 것을 억제하는 역할 즉, Space Charge Neutralization 역할을 한다.

4.4.3 빔라인 (Beamline) 모듈

빔 라인 모듈은 원하는 질량을 갖는 이온의 빔만 추출하는 질량분석기와 이렇게 추출된 빔을 작은 크기로 만들어 주는 빔 포커싱 유닛과 이온 빔에 에너지를 갖도록 가속화시켜주는 빔 엑셀레이터 유닛과 빔을 중화시켜주는 일렉트론 샤워 유닛, 빔을 스캐닝해주는 스캐닝 유닛 등으로 구성되어 있다.

4.4.3.1 질량분석기(Mass Analyzer) 유닛

이온 소스 모듈에서 발생하는 이온은 매우 여러 가지 형태의 이온들로 구성되어 있다. 이러한 여러 형태의 이온 중에서 원하는 이온만을 선택하여야 하는데 이러한 역할을 수행하는 유닛이 질량분석기(Mass Analyzer)이다. 질량 분석기의 원리는 전하량 q, 질량 M을 갖는 이온을 전기장 내에서 전압 V로 가속시켜 이온의 속도가 v 값을 가질 때 전하의 운동에너지는 전기장의 포텐셜 에너지와 같다. 이 운동에너지를 가진 이온이 자기장 내로 수직으로 들어갈 때 로렌쯔 힘인 자기력의 영향으로 플레밍의 왼손 칙에 따라 꺾이며 반경 r을 갖는 원운동을 하게 된다. 이온의 질량에 따라 반경 r 값이 달라지며 원하는 반경을 갖는 이온들만 질량분석기의 슬릿을 통과하고 나머지 이온들은 통과하지 못하게 된다. 이러한 원리를 이용하여 원하는 질량을 갖는 이온만 질량분석기를 통과하게 되는 것이다. 원하는 질량만을 선택하는 기능뿐만 아니라 빔을 일차적으로 집중(Focusing)시켜주는 역할도 함께한다.

$$\vec{F} = q\,\vec{v} \times \vec{B}$$

$$qvB = \frac{mv^2}{R}$$

$$\frac{mv^2}{2} = qV$$

$$R = \frac{1}{B}\sqrt{\frac{2mV}{q}}$$

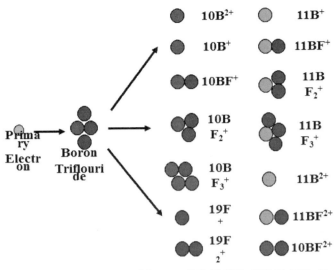

그림 4.4.3.1.1 이온 소스에서 발생된 이온의 종류 들

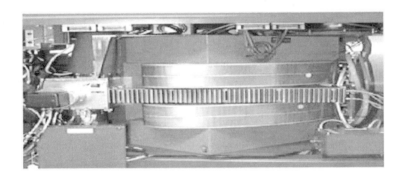

그림 4.4.3.1.2 Analyzer Magnet

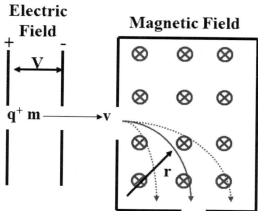

그림 4.4.3.1.3 Analyzer Magnet 내에서의 이온의 운동 궤적

■ Influences on Ion Trajectories

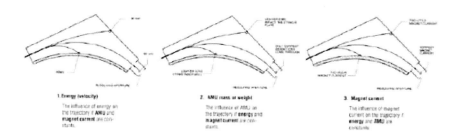

그림 4.4.3.1.4 Analyzer Magnet 내에서의 이온의 운동 궤적

4.4.3.2 빔 포커싱(Beam Focusing) 유닛

빔라인을 거쳐서 웨이퍼에 주입되기까지 이온 빔은 퍼짐(Expansion) 현상이 발생하지 않도록 잘 포커싱되어 주입되어야 한다. 그러지 못하면 이온 빔이 빔라인의 벽(wall)을 가격하여 빔의 손실(Loss)를 가져와서 올바른 이온 주입이 되지 못한다. 집광 렌즈를 사용하여 빔을 포커싱하여 주고 4극 렌즈(Quadrupole Lens)를 사용하여 빔을 더욱 작게 포커싱해 준다. 4극렌즈는 2개의 쌍으로 구성된 전자석으로 되어 있으며 1차 4극렌즈에서 빔을 수평방향으로 압축하여 주고(Q1) 여기서 수평방향으로 압축되어 나온 이온 빔을 2차 4극렌즈안으로 진입시켜서 수직방향으로 이온빔을 다시 압축한다(Q2). 이와 같은 과정을 거친 빔은 아주 작은 반경을 가지고 이온 빔 중심축으로 압축되게 된다.

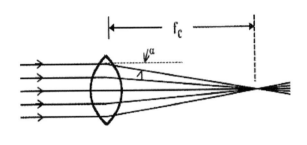

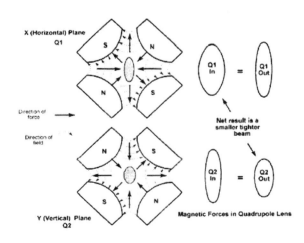

그림 4.4.3.2.1 집광렌즈(converging lens)와 4극 렌즈(quadrupole lens)

4.4.3.3 빔 가속(Beam Acceleration) 유닛

빔 가속 유닛은 포커싱된 이온 빔에 에너지를 갖도록 해 주는 유닛이다. 이온 소스에서 추출된 빔은 웨이퍼에 주입되는 이온 빔의 최종에너지가 아니므로 빔 가속 유닛에서 최종 에너지를 갖도록 고전압을 인가하여 빔을 가속시켜 빔에 에너지를 갖게 한다. 만일 빔의 최종에너지가 이온 소스에서 추출되는 에너지보다 작을 경우에는 가속이 되지 않고 감속(decel) 작용을 수행하게 한다. 가속기는 하기 그림과 같이 6개의 분리된 링으로 구성되어 있으며 가속 모드에서는 첫 번째 링과 마지막 6번째 링간의 전위 차이에 의해 빔이 가속되며, 감속 모드에서는 링1,2는 그라운드(접지) 시키고, 3번째 링은 감속을 위하여 -1.2 kV의 억류 전압이 인가되고 마지막 6번째 링에서 최종에너지로 감속된다.

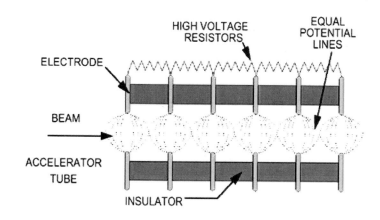

그림 4.4.3.3.1 빔 가속(Beam Acceleration) 유닛의 모식도와 실제 가속 유닛

그리고 200 keV이상의 높은 에너지로 이온 빔을 가속시키려면 특별히 설계된 빔가속 유닛의 사용이 요구된다. 고 에너지용 빔가속 유닛 장치는 LINAC(Linear Accelerator)이라는 일련의 RF 파워를 공급하는 RF Resonator가 직렬로 연결되어 Resonator전극에 음(−)를 인가하여 이온을 끌어들여 가속시킨 후 가속된 이온을 다시 전극에 양(+)를 인가하여 이온을 뒤쪽으로 밀어 뒤쪽 Resonator로 밀어내며 연속적으로 가속시키는 Pull− Push 구조로 되어 있다.

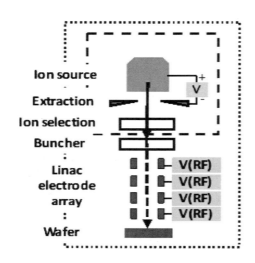

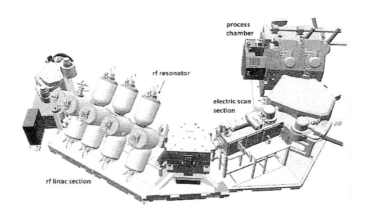

그림 4.4.3.3.2 고에너지 주입기(High Energy Ion Implanter) 의 입자 가속장치(LINAC) 모식도

4.4.3.4 빔 중화(Beam Neutralization) 유닛

　고전류의 이온 주입 공정에서 +이온이 웨이퍼 표면에 지속적으로 주입하게 되면 +전하 성분이 웨이퍼에 지속적으로 축적되고 이는 웨이퍼의 절연막 아래쪽으로 - 성분의 전하가 집중되게 되면서 궁극적으로 절연막의 파괴 현상이 발생한다. 이를 방지하기 위하여 전자샤워(Electron Shower) 장치를 사용한다. 하기 그림에서 보는 것과 같이 이온 빔이 왼쪽으로 지나가면 Filament에서 발생된 열전자들이 +이온의 인력에 끌려 나오게 되거나 bias로 대전 되어진 shower tube에 충돌하여 2차전자(secondary electron)들이 생성되고 이것들이 이온 빔에 포함되어 같이 wafer로 진행되어 진다. 이때 +이온들의 반발력이 줄어들어 빔 흐름이 감소하고 -이온들에 의해서 +이온의 집중현상을 해소하게 된다. 이때 bias aperture는 이온 빔이 electron shower 내부로 진행할 수 있도록 이온 빔 흐름과 electron shower에서 생성된 전자들이 electron shower 내부에서 머무를 수 있도록 척력을 제공한다. 이로 인해 전체가 전기적으로 중성화 된다.

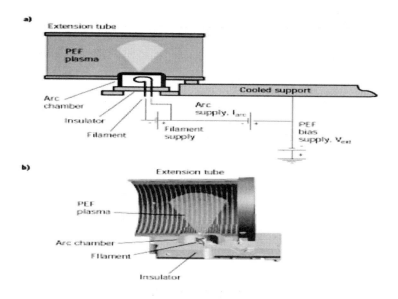

그림 4.4.3.4.1　전자 샤워(Electron Shower) 유닛 모식도

4.4.3.5 빔 스캐닝(Beam Scanning) 유닛

가속된 이온 빔은 웨이퍼 면적에 비해 현저하게 작은 스폿(spot)에 지나지 않으므로 이온 빔을 웨이퍼에 균일하게 주입시켜 주는 장치가 필요한데 이러한 역할을 해주는 장치를 빔 스캐닝 유닛이라고 한다. 통상적으로 이온 빔을 수평방향으로는 정전기적으로 스캐닝(electrostatic scanning) 하고 수직방향으로는 웨이퍼를 기계적으로 수직으로 왕복운동(mechanical scanning)하는 방법을 사용하여 웨이퍼에 x, y 방향으로 골고루 이온 빔을 스캐닝하여 준다. 경우에 따라서는 수평방향의 scanning도 웨이퍼를 장착한 타겟을 회전시켜서 스캐닝하는 방식을 채택하는 경우도 있다.

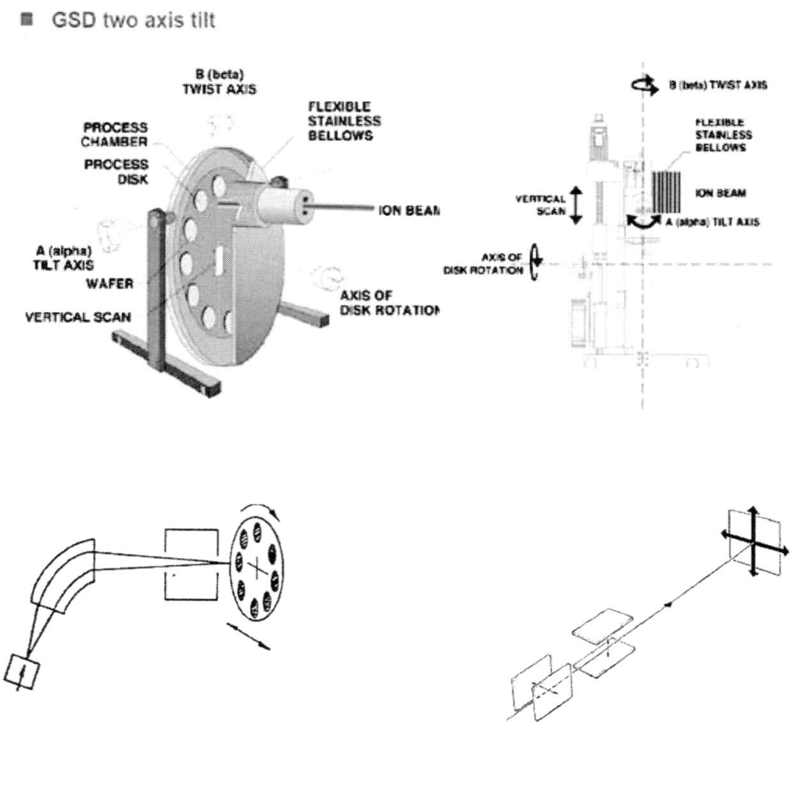

그림 4.4.3.5.1 여러 가지 방식의 빔 스캐닝 유닛 모식도.

4.4.4 엔드스테이션(End Station) 모듈

엔드 스테이션 모듈은 웨이퍼에 이온 빔이 주입되는 곳으로 웨이퍼가 장착되어지는 챔버(디스크)와 웨이퍼에 주입되는 이온 빔의 도즈(dose)를 측정하는 파라데이컵(Faraday Cup), 웨이퍼를 로드 포트(Load Port)에서 웨이퍼가 이온 주입을 하기 위해 로드락(Load Lock) 챔버를 거쳐서 최종 위치 지점인 디스크가 장착된 공정 챔버까지 웨이퍼를 반송하기 위한 웨이퍼 핸들링 유닛으로 구성되어 있다.

4.4.4.1 파라데이컵(Faraday Cup) 유닛

이온 주입기로부터 웨이퍼에 주입되는 이온 빔의 도즈는 정확하고 재현성이 있어야 한다. 이온 주입기에서 이러한 안정적인 도즈를 주입하기 위한 시스템(Dosimetry System)은 크게 2개의 부분으로 되어 있다. 도판트 이온들이 웨이퍼에 정확하게 도달하는 것을 측정하는 파트와 이러한 이온들이 웨이퍼에 균일하게 주입되도록 하는 파트이다. 이 중에서 첫 번째에 해당하는 시스템이 파라데이컵이고 두 번째에 해당하는 것이 스캐닝 시스템이다. 파라데이 시스템은 이온 빔이 전달하는 전기적인 전하를 모아주는 것으로 파라데이컵으로 들어오는 양이온 빔의 전류에 해당하는 만큼 접지로부터 이를 중성화하기 위하여 전류계를 통해 전자가 공급된다. 빔이 웨이퍼를 때릴 때 발생하는 세컨더리 전하도 같이 모아진다. 파라데이컵은 이러한 세컨더리 전하가 측정되는 것을 막아줘야 정확한 측정이 된다.

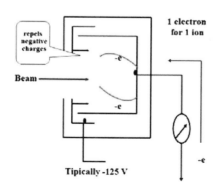

그림 4.4.4.1.1 파라데이 컵(Faraday Cup) 구성 모식도

4.4.4.2 웨이퍼 핸들링(Wafer Handling) 유닛

이온 주입기에서 웨이퍼를 담은 캐리어로부터 웨이퍼가 위치한 공정 챔버 내의 디스크로 웨이퍼를 이송하는 일련의 시스템을 말한다. 웨이퍼 캐리어로부터 웨이퍼를 이송하기 위한 대기 로봇과 웨이퍼를 대기상태에서 진공상태로 바꿔주는 로드락 챔버와 진공상태에서 웨이퍼를 공정 챔버 내 타겟(디스크)으로 이송시켜주는 진공 로봇으로 구성된다.

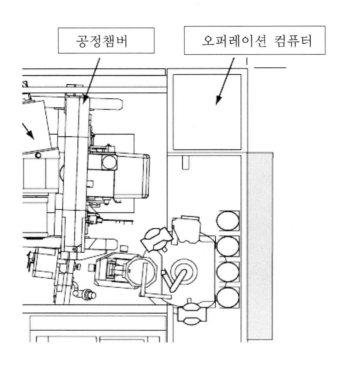

그림 4.4.4.2.1 웨이퍼 핸들링 유닛(Wafer Handling Unit) 구성 모식도

4.5 급속 열처리 장비(Rapid Thermal Processor)

4.5.1 급속 열처리 장비(Rapid Thermal Processor) 기술의 개요

반도체 소자 제조에 사용되는 열처리 장치는 앞서 4.3장 확산 장비에서 기술한 전통적인 고온의 퍼니스(Furnace)를 사용하는 경우와 이번 장에서 기술하는 급속 열처리 장비 (RTP)를 이용하는 경우로 나눌 수 있다. Furnace를 사용하는 경우는 고온에서 장시간(수 시간) 열처리를 하는 경우이고 주로 100장 이상의 웨이퍼가 한 장비에서 동시에 진행되는 배치(Batch) 처리를 한다. 이에 반하여 급속 열처리 장비(RTP)를 사용하는 경우는 고온에서 단시간 (수 초~ 수 십초) 열처리를 하는 경우이고 주로 웨이퍼를 한 장씩 진행하는 싱글(Single) 처리를 채택하고 있다. Furnace 방식이 Heating Element를 사용한 저항 가열 방식을 열원으로 사용하는 반면에 RTP 방식은 텅스텐 할로겐 램프(Tungsten Halogen Lamp)를 이용하여 웨이퍼 표면에 적외선을 흡수 시키는 복사(Radiation) 에너지를 가열 원으로 사용하고 있다. RTP 방식이 Furnace 방식에 비하여 단시간에 고속으로 온도를 올릴 수 있는 장점을 가진 반면에 웨이퍼 내의 온도의 균일성이 상대적으로 떨어지고 온도의 급속한 변화로 인한 열적 스트레스(Thermal Stress)로 인하여 웨이퍼 내의 결함(주로 슬립 결함) 발생 및 웨이퍼의 깨짐(Broken) 현상이 일어날 수 있어 유의하여야 한다. 또한 시간 당 웨이퍼 처리 매수(Throughput)도 Furnace에 비하여 다소 떨어진다. 하지만 급속 열처리로 인하여 웨이퍼에 가해지는 열용량이 적어 Thermal Budget 측면에서 유리하다. 따라서 이온 주입 후 이온 주입 시 발생한 격자 손상(damage)의 복구를 위해 열처리(Annealing)을 할 경우 Furnace를 사용하지 않고 주로 Thermal Budget이 작은 RTP를 사용하여 단시간 내에 열처리를 하여 열처리 후에도 이온 주입 시 형성된 불순물의 재분포(Redistribution)가 최소가 되도록 한다.

이러한 RTP 장비를 이용한 열처리(Annealing)를 RTA(Rapid Thermal Annealing)이라고 하며 이온 주입 후 열처리 외에도 기존의 Furnace를 이용한 열처리를 대체하는 공정으로 (Silicidation, Nitridation, Oxidation 등) 공정 적용 범위가 점차 확대되고 있다.

4.5.2 RTP 장비의 구성

　RTP 장비는 웨이퍼를 로딩하는 Load Port와 Load Lock 챔버, Transfer Chamber, RTP 공정 챔버, Cool-down 챔버로 구성이 되어 있다. 이 중 다른 부분은 타 공정 장비와 유사하다. 다른 장비와 다른 RTP 공정 챔버를 중심으로 설명하겠다.

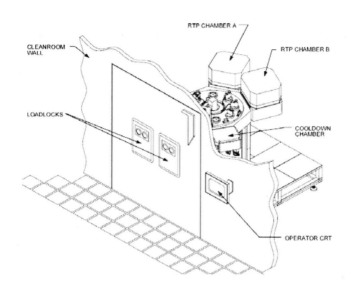

그림 4.5.2.1 급속 열처리(RTP) 장비 구성도 및 사진

4.5.2.1 로드락 챔버(Load Lock Chamber)

대기 중에 포함된 불순물이 RTP 공정 챔버로 유입되지 못하게 하기 위하여 로드락 챔버가 요구된다. 특히 공정 중 공정 챔버내의 온도는 높은 온도를 유지하기 때문에 대기 중의 불순물이 유입될 경우 웨이퍼와 반응할 확률이 매우 높다. 산소나 수중기가 유입될 경우도 웨이퍼의 특성에 매우 좋지 않은 영향을 끼치므로 이들이 유입되지 않도록 차단 해주는 역할을 한다.

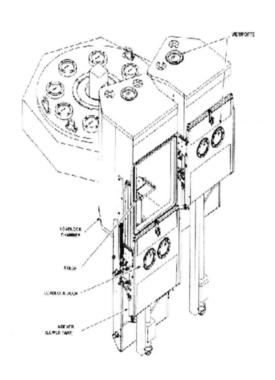

그림 4.5.2.1.1 로드락 챔버(Load Lock Chamber) 구성도

4.5.2.2 트랜스퍼 챔버(Transfer Chamber)

웨이퍼를 로드락 챔버에서 공정 챔버로 이송하고, 공정 챔버에서 공정이 끝난 웨이퍼를 로드락 챔버로 이송하는 역할을 담당하며 진공 로봇이 가운데 위치하고 있다. magnetic 으로 구동되는 진공 로봇으로 정밀성과 내구성이 매우 뛰어나야 한다. 또한 진공 상태에서 로봇이 움직일 때 진동 등으로 인한 파티클(particle) 발생이 없도록 해야 한다.

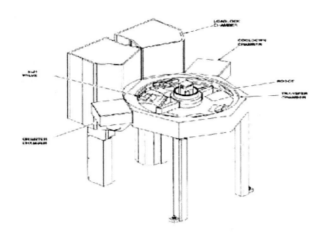

그림 4.5.2.2.1 트랜스퍼 챔버(Transfer Chamber) 구성도

4.5.2.3 공정 챔버(Process Chamber)

공정 챔버에서는 할로겐 램프를 사용하여 복사열(Radiation Heat) 에너지를 사용하여 웨이퍼를 순간적으로 짧은 시간 내에 급속 가열하고 공정이 끝나면 다시 급속 냉각하는 곳이다. 공정 압력에 따라 상압(ATM) 공정 챔버와 감압(RP) 공정 챔버로 구분한다. 온도 측정은 pyrometer로 측정을 한다. 챔버의 주요 구성품은 다음과 같다.

  (1)Lamp array: 수백개의 텅스텐 할로겐 램프가 고 반사(high reflectivity) 튜브 내에 위치하고 있으며 이 램프들은 hexagonal pattern으로 배열되어 있고 여러 개의 독립적인 파워 콘트롤 구역(zone)으로 제어가 된다. 챔버 외벽은 냉각수로 둘러싸여 있는 cold wall type 이다.

  (2)Quartz window: 아주 얇고 가벼운 quartz window가 램프 어레이와 챔버 사이에 위치하고 있다. 감압(Reduced Pressure) RTP 챔버에서는 water-cooled metal plate가 quartz window와 lamp array 사이에 위치하고 있다.

  (3)Chamber body: 웨이퍼는 얇은 support ring 위에 놓여 져 진행된다. support ring은 stainless steel 로 만들어져 있으며 water cooling 되어 져 빠른 시간 내에 가열되고 냉각될 수 있다.

(4)Temperature probe: 여러 개의 probe가 웨이퍼를 중심으로부터 방사 형태로 분포
되어 있어서 해당 방사 지역의 온도를 측정한다. 옵티컬 화이버(optical fiber)
가 웨이퍼로부터 검지장치로 흑체 복사(blackbody radiation)를 전달한다. 검지장치
는 이 신호를 읽어서 실제 온도로 변환한 후 RS232 serial link를 통해서 host
computer로 전달한다.

(5)Wafer rotation: 공정 시 가열되는 동안 웨이퍼는 rotation하여 온도 균일도
(uniformity)를 향상시킨다. 로테이션 drive는 magnetic하게 couple되어있는 ring으
로 구성되어있고 brushless DC motor로 구동되어 진다.

(6)Wafer pin: 웨이퍼를 up-position(lift position으로 웨이퍼를 이송하기 위한
position) 과 down-position(process position으로 공정진행시 웨이퍼 position)
으로 바꿔주기 위한 pin으로 quartz pin으로 되어 있다.

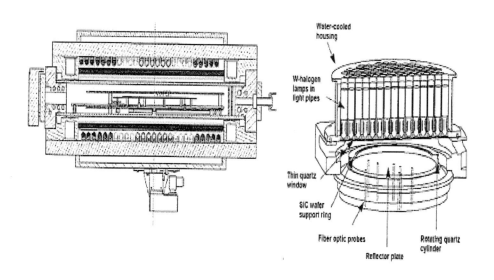

그림 4.5.2.3.1 공정 챔버(Process Chamber) 내부 구조

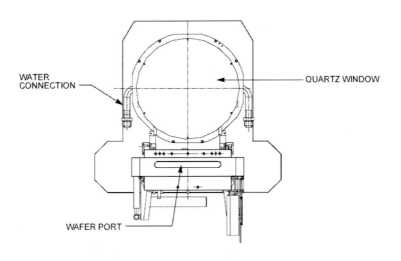

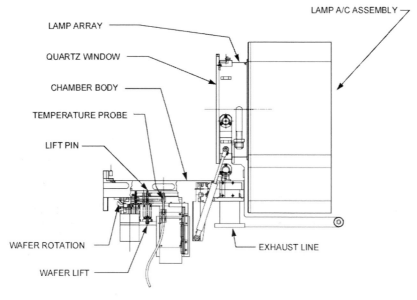

그림 4.5.2.3.2 공정 챔버(Process Chamber) 외부 구조
(위) 평면도   (아래) 측면도

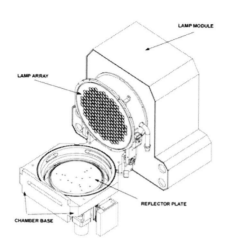

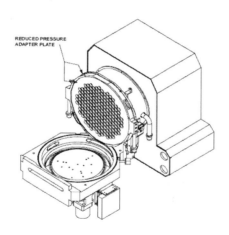

그림 4.5.2.3.3 공정 챔버(Process Chamber) 외부 3D 구조
(위) 상압(ATM) RTP 챔버   (아래) 감압(RP) RTP 챔버

(7)Temperature control system: RTP에서 온도 측정에 사용되고 있는 방식은 optical pyrometer를 사용하고 있으며 optical pyrometer는 직접 접촉하지 않고도 정확한

온도를 읽어낼 수 있다. 이것은 웨이퍼에서 radiation되는 정해진 빛의 파장의 intensity를 검출하여 환산하기 때문이다. 그러나 웨이퍼의 방사율(Emissivity)의 변화에 따라 온도 측정이 달라지기 때문에 emissivity radiation thermometry의 가장 중요한 요소이며 이는 특정한 온도와 파장 영역에서의 blackbody에 대한 물질의 radiation으로 정의된다.

pyrometer에서 측정된 온도는 multivariable temperature controller로 입력되고 controller에서는 자동적으로 각 lamp zone에 독립적으로 공정 진행 동안에 온도의 uniformity를 유지하도록 zone 별로 power를 조절해준다.

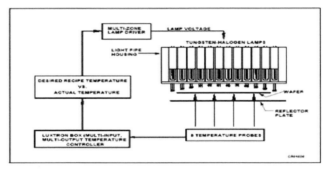

2-24. Functional Block Diagram

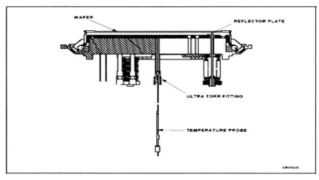

e 2-25. Temperature Probe, Side View

그림 4.5.2.3.4 온도 제어 시스템(Temperature Control System) 구성도

4.6 박막(Thin Film) 장비 (1) CVD(Chemical Vapor Deposition) 장비

4.6.1 CVD (Chemical Vapor Deposition) 장비 기술의 개요

반도체 소자 제조에 사용되는 공정에는 절연막 제조 공정과 배선막 제조 공정이 있는데 이를 통상적으로 박막(Thin Film) 공정이라고 하며, 박막 공정에는 다섯 가지 주요한 방법으로 박막을 증착하는데 그 첫째가 화학적 물질을 사용하여 기상 상태로 기판에 증착하는 CVD 방법과 두 번째가 증착 대상 물질을 물리적인 방법으로 기상 상태로 기판에 증착하는 PVD(Physical Vapor Deposition) 방법, 세 번째는 증착 대상 물질을 함유한 화학 물질을 원자 상태로 만들어 펄스 형태로 기판에 증착하는 ALD(Atomic Layer Deposition) 방법, 네 번째는 케미컬을 액체 상태로 만들어서 기판위에 분사(Dispense)한 후 기판을 회전하여 박막을 기판에 균일하게 도포(Coating)하는 방식을 채택한 SOG(Spin On Glass) 와 같은 스핀 코팅 방법, 다섯 번째는 구리(Cu) 박막을 증착하는데 사용하는 전기도금법 이 있다. 이번 장에서는 이 중에서 CVD 장비 기술에 대해 기술하고자 한다. CVD 장비는 반응 에너지원에 따라 Thermal CVD 장비와 열 에너지원과 플라즈마를 함께 에너지원으로 사용하는 PECVD(Plasma Enhanced CVD)장비로 크게 나눠진다. PECVD 장비는 Thermal CVD 장비 보다 저온에서 공정을 진행할 수 있는 장점으로 널리 사용되고 있으며 특히 PECVD에서 플라즈마 밀도를 고밀도로 만들어서 진행하는 장비를 HDPCVD(High Density Plasma CVD) 장비라고 한다.

또한 공정 압력에 따라서도 CVD 장비를 분류할 수 있는데 상압(대기압) 상태에서 공정을 진행하는 장비를 APCVD(Atmospheric Pressure CVD) 장비라고 하며, 상압보다 다소 낮게 감압한 상태에서 공정을 진행하는 장비를 SACVD(Sub Atmospheric CVD) 장비라고 하며, SACVD 장비 보다 훨씬 저압에서 공정을 진행하는 장비를 LPCVD(Low Pressure CVD) 장비라고 한다. 저압에서 공정을 진행하기 위해서는 공정이 진행되는 챔버(Chamber) 내를 저압으로 만들어야 하는데 이를 위해서는 진공 펌프(Vacuum Pump)가 사용된다. 또한 반응 원료가 액체 상태인 금속이고 이 금속은 원자형태로 탄소, 산소와 결합된 유기화합물 상태로 액체 상태이며 이것을 기화(Vaporization)시켜서 반응 챔버 내로 주입시켜서 박막을 형성하는 MOCVD(Metal Organic CVD) 장비도 있다. 각 장비의 구성 및 특징에 대하여 자세히 살펴보자.

4.6.2 APCVD 장비의 구성

APCVD 장비는 대기압에서 공정이 진행되는 장비로 주로 컨베이어 벨트 (Conveyor Belt)를 사용하여 웨이퍼를 이송시켜서 히터(Heater)가 장착된 반응로를 거치면서 반응 가스가 웨이퍼 위로 분사되는 방식으로 박막을 증착 시키는 장비로서 웨이퍼 로딩부, 이송용 컨베이어 벨트, 히터가 장착된 반응 챔버, 반응 가스를 분사시키는 Gas Injector, 웨이퍼 언로딩부로 구성되어 있다.

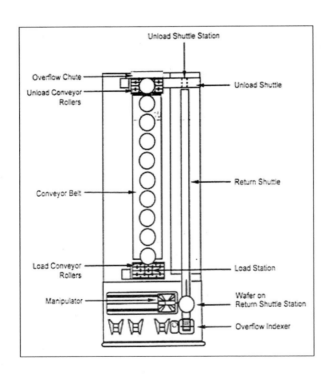

그림 4.6.2.1 APCVD 장비 구성도

4.6.2.1 웨이퍼 이송용 컨베이어 벨트 유닛

위 그림에서 Manipulator는 일종의 로봇이며 카셋트에 있는 웨이퍼를 manipulator의 vacuum wand가 Load Conveyer에 올려놓고, Load Conveyor는 내부 모터와 연결된 Roller를 회전시켜서 웨이퍼를 이송 컨베이어 벨트에 올려놓는다. 웨이퍼가 컨베이어 벨트의 회전에 따라 챔버 아래로 이동하면서 챔버내 가스 인젝터(Gas Injector)에서 가스가 웨이퍼 위에 분사되고 컨베이어 벨트에서 나온 웨이퍼는 Unload Shuttle에 의해 Unload Station으로 회수(Return) 되어 진다.

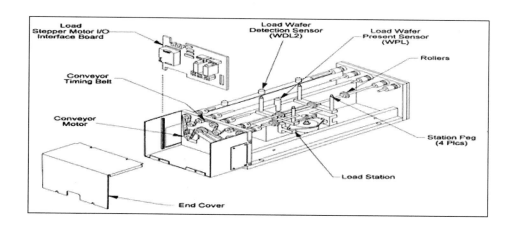

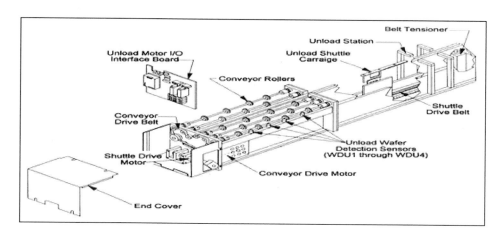

그림 4.6.2.1.1 컨베이어 벨트 시스템 구성도

4.6.2.2 Heater 유닛

웨이퍼가 올려 진 벨트 하단에 위치하며 벨트와 웨이퍼를 증착 온도 (대략 400~500℃)까지 가열하는 시스템으로 총 4개의 챔버(Chamber)로 구성되어 있고 , 약 25개의 가열 영역(heating zone)으로 나뉘어져있으며, 각 영역(zone)마다 3개씩 총 75개의 Heating Filament로 구성되어 있다. 각 zone의 온도는 독립적으로 제어할 수 있으며 전체적인 온도가 균일하도록 제어하는 것이 요구된다.

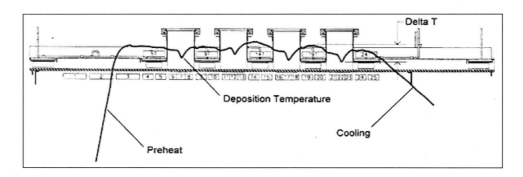

그림 4.6.2.2.1 Heater 시스템 구성도

4.6.2.3 가스 인젝터(Gas Injector) 유닛

공정 챔버마다 설치되어 있으며 웨이퍼에 공급되는 증착용 가스를 분사하는 장치로서 인젝터에서 분사된 가스가 컨베이어 벨트를 따라 챔버 내로 이송된 웨이퍼 위에 증착이 되며 챔버를 연속적으로 거치면서 증착이 계속 진행되며 막의 두께가 증가되어져서 최종 단에서 원하는 두께의 막이 웨이퍼에 형성되도록 한다. 인젝터 내에서 가스가 반응이 이루어지는 것을 막기 위해 인젝터는 냉각수로 냉각되어져 있다. 반응 가스로는 퍼지용으로 N_2가스와 반응가스로 주로 산소(O_2)가스를 사용한다.

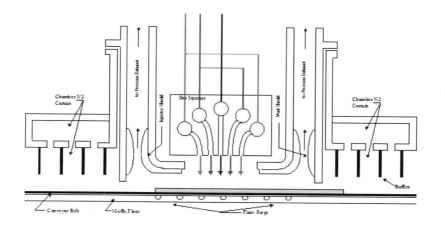

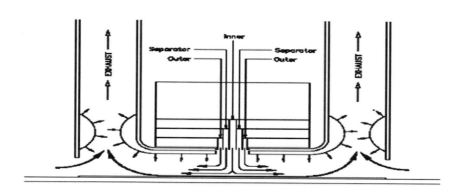

그림 4.6.2.3.1 가스 인젝터(Injector) 시스템 구성도

4.6.3 LPCVD 장비의 구성

LPCVD 장비는 대기압 이하에서(통상 수십 Torr~10^{-3} Torr 범위) 공정이 진행되는 장비로 주로 진공 펌프(Vacuum Pump)를 사용하여 공정 챔버 내의 압력을 낮게 유지한다. LPCVD에는 주로 Hot Wall 방식으로 반응 챔버 내의 온도와 반응 벽의 온도가 같이 고온인 확산로(Diffusion Furnace)와 유사한 시스템으로 반응 챔버 내에 석영 Tube를 장착하고 그 안에 웨이퍼를 적재한 석영 Boat를 삽입하여 고온, 저압 상태에서 공정 가스를 주입하여 웨이퍼에 반응 물질을 증착시키는 시스템으로 Batch 타입의 시스템으로 되어 있으며 주로 산화물 또는 질화물 절연막, 폴리실리콘 막을 증착하는데 사용된다. 이에 반하여 Cold Wall 방식으로 반응 챔버내의 웨이퍼에 가해지는 기판의 온도는 고온인 반면에 반응 챔버 벽의 온도는 저온으로 공정이 진행되는 LPCVD 장비도 있는데 이러한 장비는 주로 Wafer 처리를 낱장(Single)으로 처리하며 주로 텅스텐(W)이나 텅스텐실리사이드(WSix) 박막, 폴리실리콘 막, 산화물 또는 질화물 절연막, Epitaxial 박막을 증착하는데 사용된다.

LPCVD 시스템에서 주로 사용되는 Batch 타입의 Hot Wall LPCVD 시스템에 대하여 소개하기로 한다. 이 방식의 시스템은 확산로와 유사하게 석영 Tube가 장착된 반응 챔버와 반응 챔버에 열을 가해주는 Heater 부, 가스 량을 조절하여 반응 챔버 내로 주입시키기 위한 가스 조절 장치부, 웨이퍼를 Boat로 이송시키는 Wafer Transfer 시스템, 반응 가스를 배출하고 반응로 내부의 압력을 저압으로 조절하기 위한 진공펌프 및 진공게이지 시스템으로 구성되어진다. 챔버 내에서 저압으로 공정 압력을 맞추게 되면 가스 조절 장치를 통하여 가스가 챔버 내로 유입되어 반응하게 되며 이때의 반응 에너지원으로는 여러 영역으로 구분되어 독립적으로 온도를 제어하는 온도 콘트롤러에 의해 반응 챔버 내의 온도가 조절되어 챔버 내의 석영 Tube 내에 위치한 웨이퍼와 가스가 반응하여 웨이퍼 기판에 박막이 증착되고 반응하고 남은 잔류 가스들은 진공 펌프와 연결된 배기관을 통하여 배출된다. 반응이 진행되는 동안에 온도와 압력은 각각 T/C(Thermocouple)과 피라니 게이지(Pirani Gauge) 나 바라트론 게이지(Baratron Gauge)와 같은 압력계를 통하여 확인할 수 있다. 진공 펌프를 통하여 배출된 잔류 가스들은 스크러버(Scrubber)라는 장치를 통하여 인체에 무해한 가스로 변화되어 대기 중으로 배출되게 된다.

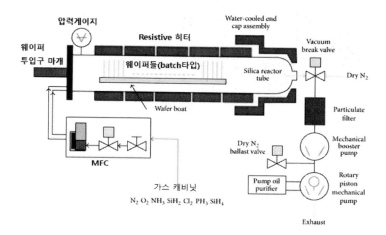

(a)

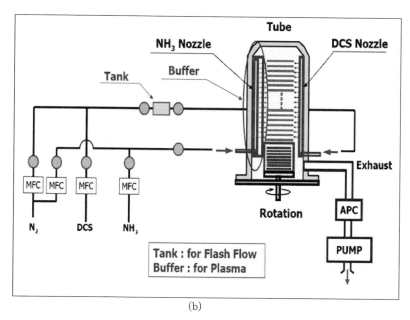

(b)

그림 4.6.3.1 LPCVD 시스템 구성도(Batch Type)

　　(a) 수평형(Horizontal) LPCVD

　　(b) 수직형(Vertical) LPCVD

그림 4.6.3.2 LPCVD 시스템 구성도(Single Type)

Single Type 의 LPCVD 장비는 일반적으로 클러스터(Cluster) 형태로 웨이퍼 로딩 부위와 로드락 챔버(Load Lock Chamber), 트랜스퍼 챔버(Transfer Chamber), 공정 챔버(Process Chamber), 웨이퍼의 정렬을 위한 Orient 챔버, 가열된 웨이퍼를 냉각하기 위한 Cool-Down 챔버 구조로 되어 있으며, Batch LPCVD와 같이 진공 Pump, Gas 공급을 조절하는 Gas Panel, 장비의 전원 공급을 위한 전원 공급 장치, 장비 콘트롤을 위한 Control 시스템으로 구성되어 있다. 펌프에서 배기되는 유해가스의 처리를 위한 스크러버(Scrubber)도 주변 장치로 필요하다. 전체적으로 플라즈마 식각 장비와 플라즈마 증착 장비와 유사한 구조로 되어 있으며 다만 플라즈마와 관련된 장치만 생략된 장비로 이해하면 된다. 가열 시스템은 히터를 사용한 저항 가열 시스템을 사용하기도 하고 램프를 사용한 복사 가열 시스템을 사용하기도 한다. 통상 Epitaxial 박막을 증착하는 경우는 램프를 사용하고 그 외에는 통상 히터를 사용한다.

4.6.4 PECVD 장비의 구성

PECVD 장비는 LPCVD 장비와 유사한 압력에서(통상 수십 Torr~10^{-3} Torr 범위) 공정이 진행되는 장비로 LPCVD 장비와 다른 점은 Plasma를 사용하여 반응 챔버 내로 주입되는 기체를 이온화 시켜서 웨이퍼에 반응 물질을 증착하는 장비로서 반응 에너지 원으로 열원뿐만 아니라 플라즈마를 에너지원으로 사용하기 때문에 LPCVD를 사용하는 경우 보다 공정 온도를 더 낮출 수 있는 장점이 있다. 플라즈마를 사용하는 챔버는 공정 챔버로써 주로 평행판 전극 구조를 갖고 있으며 상부 전극에 고주파 전력이 공급되고 웨이퍼는 하부전극과 연결된 히터에 의해 가열된다. 하부 전극은 주로 저주파 전력이 공급되도록 구성이 되어 있다. 상부 전극과 하부 전극간의 방전에 의해 가스 공급 패널로 부터 샤워헤드(Shower Head)를 거쳐서 챔버 내로 주입된 기체가 플라즈마 상태가 되어 이온, 라디칼, 전자 등이 생성되고 이들의 상호 작용에 의해 박막이 증착된다. 챔버 내의 플라즈마 밀도 즉 이온, 라디칼 등의 밀도를 보다 고밀도로 높이기 위해서 ICP(Inductively Coupled Plasma), ECR(Electron Cyclotron Resonance), Helicon 등 여러 가지 고밀도 플라즈마 소스를 사용한 PECVD 장비를 고밀도 플라즈마(HDPCVD; High Density Plasma CVD) 장비라고 한다. ECR 보다는 ICP 방식이 장치 구성이 덜 복잡하고 이온 균일도 조절이 용이하여 고밀도 플라즈마 소스로 주로 사용되며, 고밀도 플라즈마 CVD 장비는 일반 플라즈마 장비 보다 이온 밀도가 수십~수백 배 정도로 높아 증착 속도가 높고 막의 치밀성이 높다. 또한 하부 기판에 바이어스를 걸어서 기판 스퍼터링(Sputtering) 효과를 일으켜서 막 증착과 스퍼터링에 의한 식각을 동시에 일어나게 할 수 있어 좁은 홈을 메꾸거나 요철이 심한 형태위에 평평하게 증착을 할 때 유용하게 사용할 수 있는 장점이 있다. 막 증착률과 식각률의 비율을 적절하게 조절하여(통상 증착률이 식각률 보다 3~4배 높게 사용 함) 공정을 진행한다. PECVD 공정 챔버 내에서 공정이 진행되는 동안 웨이퍼를 고정시키는 역할을 하는 것은 하부 전극 위의 히터 위에 장착되어 지는 정전척(ESC; Electro Static Chuck)이 그 역할을 하며 웨이퍼와 정전척간의 정전기 힘에 의해 웨이퍼를 고정시켜 준다. 공정 중 웨이퍼의 온도가 올라가는 현상을 방지하고 균일한 온도를 유지하기 위해 웨이퍼 뒷면에 헬륨(He) 가스를 흘려주는 미세한 구멍들이 있다. 정전척에는 단극 정전척(Unipolar ESC)과 쌍극 정전척(Bipolar ESC)로 구분되어 사용되 어진다. LPCVD와 마찬가지로 진공 펌프(Vacuum Pump)를 사용하여 공정 챔버 내의 압력을 낮게 유지하는데 통상 공정 챔버 배기단에는 터보펌프(TMP;Turbo Molecular

Pump)가 연결되어 있고, 터보 펌프가 동작 전에 먼저 드라이펌프(Dry Pump)가 작동하도록 드라이 펌프가 연결되어 있다. PECVD 장비 구성은 클러스터 타입으로 구성되어 있으며 로드 포트, 로드락 챔버, 트랜스퍼 챔버, 오리엔트 챔버, Cool Down 챔버, 공정 챔버, 가스 조절장치, 전원 공급 장치, 컨트롤 장치로 구성되어 있고 주변 장치로 RF 발생장치, 진공 펌프 장치와 가스 스크러버 장치로 구성되어 있다.

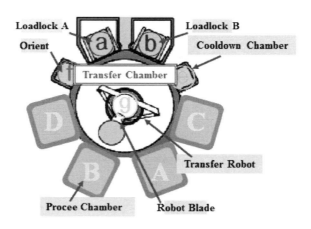

그림 4.6.4.1 PECVD 시스템 구성도

4.6.4.1 웨이퍼 로드 포트

웨이퍼 카셋트(또는 FOUP)을 로딩, 언로딩 하는 부위로 웨이퍼 카셋트 또는 FOUP을 열어서 EFEM(Equipment Front End Module)에 위치한 상압 로봇(ATM Robot)이 웨이퍼를 장비 내부에 위치한 로드락(Load Lock) 챔버 내부로 이송하게 된다. 공정이 끝난 웨이퍼가 로드락 챔버에서 나오면 다시 ATM Robot이 웨이퍼를 로드 포트에 위치한 카세트나 FOUP에 언로딩한다. 웨이퍼 로드 포트 내부는 청정도 Class 1 환경을 유지하도록 Filtering이 되어야 하며 자연 산화막 성장을 억제하기 위하여 질소(N_2)로 퍼지 시킬 수 있는 기능이 부가되도록 한다.

4.6.4.2 로드락(Load Lock) 챔버

웨이퍼가 (경우에 따라서는 웨이퍼가 카셋트에 적재된 상태로) Main 장비 내부로 들어가는 공간으로 장비 내부와 장비 외부가 분리되는 공간으로 챔버 내로 들어간 웨이퍼의 상태를 확인한 후 웨이퍼의 분위기를 대기압에서 진공 상태로 바꾸어 준 후 트랜스퍼 챔버로 웨이퍼를 이동하는 공간을 말한다. 또한 공정이 완료된 웨이퍼를 트랜스퍼 챔버로 부터 회수한 후 웨이퍼의 분위기를 진공상태에서 대기압으로 바꾸어 준 후 웨이퍼를 장비 외부로 언로드 시키는 역할을 하는 공간이다. 로드락 챔버의 구성 및 기능은 크게 Indexer Ass'y, Wafer Mapping & Broken Detect, Wafer Slide Detect, Load lock Pumping & Pressure Control으로 구분되어 진다.

(a) Indexer Ass'y
웨이퍼를 로드(Load), 언로드(Unload) 위치로 이동시키고 웨이퍼를 회전(Rotate)

시키고 웨이퍼를 매핑(Mapping) 스캔(Scan) 위치로 이동시키며 Load lock Pumping과 Equalization, Venting을 수행하는 역할을 한다.

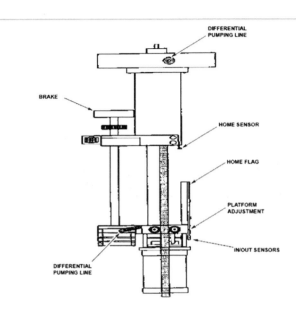

그림 4.6.4.2.1 Load lock 챔버의 Indexer Ass'y 구조

b) Wafer Mapping & Broken Detect

로딩 된 웨이퍼의 맷수를 카운트(Count)하고, 웨이퍼의 상태를 확인하여 웨이퍼가
깨짐(Broken) 상태를 검출하는 역할을 한다.

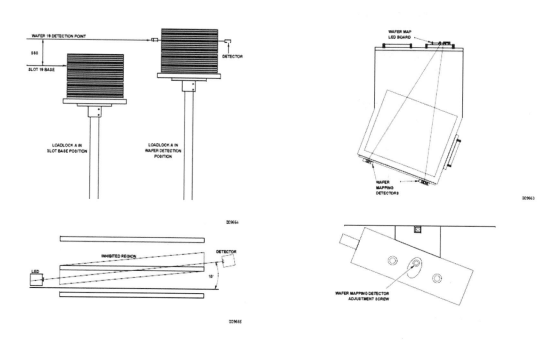

그림 4.6.4.2.2 Load lock 챔버의 Indexer Ass'y 구조

c) Wafer Slide Detect

로딩 된 웨이퍼의 삐짐(Sliding) 상태를 검출하여 웨이퍼의 불안정한 상태에서의 트랜스
퍼 챔버로의 이동을 방지하는 역할을 한다.

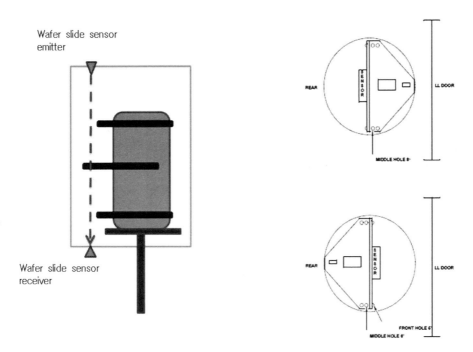

그림 4.6.4.2.3 Load lock 챔버의 Wafer Sliding 감지 센서 구조

d) Load lock Pumping & Pressure Control

로딩 된 웨이퍼의 분위기를 트랜스퍼 챔버의 압력과 동일하게 진공 펌프를 사용하여 진공 상태로 만들어 주고, 공정이 완료된 웨이퍼를 트랜스퍼 챔버에서 로드락 챔버로 이동한 후 장비 외부로 언로딩(Unloading)하기 전에 챔버 내의 분위기를 질소(N_2) 가스를 사용하여 대기압 상태로 채움(Backfill) 역할을 한다.

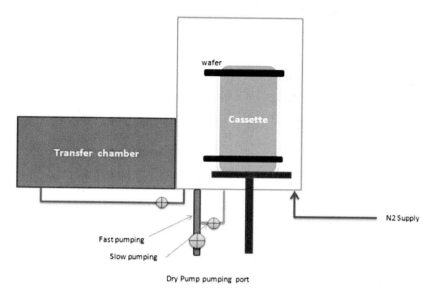

그림 4.6.4.2.4 Load lock 챔버의 Pumping 과 Backfill 구조

4.6.4.3 트랜스퍼(Transfer) 챔버

로드락 챔버로부터 이동된 웨이퍼를 트랜스퍼 챔버 내에 장착된 진공 로봇(Vacuum Robot)을 사용하여 공정(Process) 챔버로 이동시키는 역할을 하며 공정 챔버와 완벽하게 격리하여 공정 챔버로부터 공정 가스나 부산물이 유출되는 것을 방지하도록 해야 하고 로봇이 이동시 진동으로 인한 분진(Particle) 발생으로 웨이퍼가 오염되는 일이 일어나지 않도록 하는 것이 중요하다. 또한 센서를 장착하여 웨이퍼 이송 중 웨이퍼가 제 위치를 벗어나지 않도록 지지해주고 제 위치를 벗어났을 때 보정하여 주고(AWC;Automatic Wafer Centering), 제 위치를 벗어난 웨이퍼를 검출해 주는 역할을 한다. 주로 Wafer Robot Handler, Slit Valve, OTF, Wafer Sensor로 구성되어 있다.

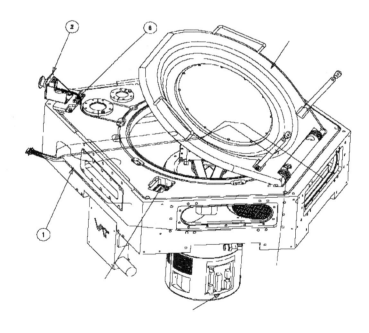

그림 4.6.4.3.1 Transfer Chamber 구조

(a) Wafer Robot Handler

Transfer Chamber 중앙에 위치하며 로드락 챔버로부터 웨이퍼를 메인 프레임 (Mainframe)에 붙어있는 각각의 챔버로 웨이퍼를 이동 및 회수하는 역할을 수행하는 진공 로봇(Vacuum Robot)을 말한다. 여기서 사용되는 진공로봇은 고온 및 고진공 환경에서도 정상적인 동작이 이루어지도록 기능을 수행하여야 하며 분진(Particle) 발생이 생기지 않도록 구동부위에 마그네틱 실(Magnetic Seal)을 사용한다. 또한 한번에 여러 장의 웨이퍼를 이송 가능하도록 이중 암(Dual Arm), 쿼드 암(Quad Arm) 등 여러 개의 암(Arm)을 갖는 구조로 발전되고 있다. 아울러서 웨이퍼가 블레이드의 중앙에 위치하도록 제어하는 자동 웨이퍼 센터링(AWC) 기능을 갖고 있다.

그림 4.6.4.3.2 Transfer Chamber 내부에 위치한 진공 로봇

주로 엔코더(Encoder) 모터(Motor) 구동 방식으로 자기장(Magnetic Filed)에 의한 간접 구동력 전달 방식을 사용하여 구동물과 피구동물간의 접촉이 없는 상태로 동작하여 Arm에 동력을 전달한다.

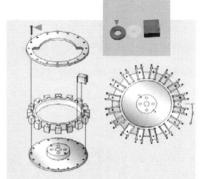

그림 4.6.4.3.3 진공 로봇 구동 모터(Motor)

진공 로봇 구동 모터에 의해 암(Arm)이 여러 축 방향으로 직선(Linear) 및 회전 (Rotation) 동작을 수행하게 되고 암(Arm)의 말단에는 블레이드(Blade)라는 엔드 이펙터 (End Effector)가 연결이 되어서 웨이퍼를 직접 잡고 이동하는 역할을 한다. 블레이드의 재질은 공정에 따라 석영(Quartz), 알루미늄(Al), 세라믹(Ceramic) 등 다양한 소재로 만들어 진다.

(b) Slit Valve

Transfer Chamber와 메인프레임에 붙어 있는 각 챔버 사이에 위치하며 이들 각 챔버와 트랜스퍼 챔버간의 격리(Isolation) 역할을 하며 주로 에어 실린더(Air Cylinder)를 사용한 다. 소재는 주로 알루미늄(Al) 또는 SUS를 사용한다. Slit Valve 동작 시 분진(Particle) 발생이 발생하지 않고, 공정 챔버 내의 가스가 밖으로 새어나오지 않도록 어떤 공정 온도와 압력에서도 밀폐 기능이 잘되어야 한다.

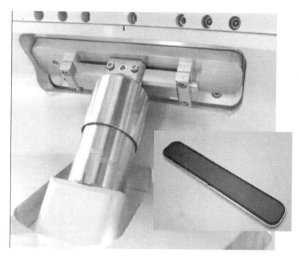

그림 4.6.4.3.4 슬릿 밸브(Slit Valve)

(c) OTF

Transfer Chamber Lid에 부착되며 공정 챔버와의 사이에 구성이 되어 있어서 공정 챔버로 웨이퍼가 들어가기 직전에 웨이퍼의 위치를 인식하는 센서(Sensor)로 공정 챔버의 중심(Center) 위치에 웨이퍼가 놓을 수 있도록 웨이퍼 위치를 센싱하여 틀어진 위치 값을 보정하는 역할을 한다.

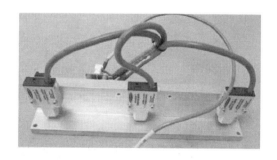

그림 4.6.4.3.5 OTF

(d) Wafer Sensor

Transfer Chamber Lid에 부착되며 공정 챔버 입구에 위치한다. 공정 챔버에 웨이퍼 로딩(Loading) 전과 언로딩(Unloading) 이후 로봇 블레이드(Blade) 위의 웨이퍼 존재를 인식하는 역할을 한다.

 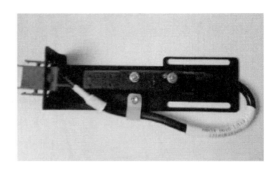

그림 4.6.4.3.6 Wafer Sensor

4.6.4.4 오리엔트(Orient) 챔버

메인프레임에 부착되어 있는 챔버 중 하나로 웨이퍼의 Notch 또는 Flatzone을 인식하는 챔버로서 웨이퍼를 회전시키면서 레이져 소스(Laser Source)를 사용하여 웨이퍼 가장지리의 Notch 나 Flatzone을 인식하고 정렬시켜 웨이퍼를 일정한 방향을 갖게 한 다음 공정 챔버 안으로 웨이퍼를 이동할 수 있도록 해주는 역할을 한다.

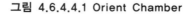

그림 4.6.4.4.1 Orient Chamber

4.6.4.5 공정(Process) 챔버

메인프레임에 부착되어 있는 챔버 중 실제 공정이 진행되는 챔버로 가스가 주입되는 부위와 가스를 챔버 내로 균일하게 분사시켜주는 분사장치인 샤워헤드(Showerhead), 플라즈마를 인가시키는데 사용하는 RF 파워 발생기로부터 연결된 파워 케이블 및 RF Matcher, Filter 부, ICP(Inductively Coupled Plasma) 소스를 사용하는 HDPCVD 경우는 유도 코일(Antenna)에 파워를 공급하는 부위, 상부전극(Upper Electrode), 하부전극 (Lower Electrode)역할과 웨이퍼를 지지하는 서셉터(Susceptor)역할을 하며 웨이퍼에 열을 가하는 Heater Block, 웨이퍼를 고정시키는 정전척(ESC; Electro Static Chuck), 서셉터와 연결되어 있으며 서셉터의 온도를 읽어서 온도 조절기로 보내는 써모커플 프루브 (Thermocouple Probe), 반응하고 남은 잔여 가스를 진공 펌프 쪽으로 배출하는 배기구, 챔버 내의 압력을 조절하는 Throttle Valve, 챔버 내의 압력을 읽을 수 있는 압력 게이지 (Vacuum Gauge), 프로세스 킷(Kit) 등으로 구성되어 있으며, 고진공용 터보 펌프(Turbo Pump)가 챔버 하단의 배기라인에 연결되어 챔버 내를 고진공으로 만들어 주는 역할을 한다.

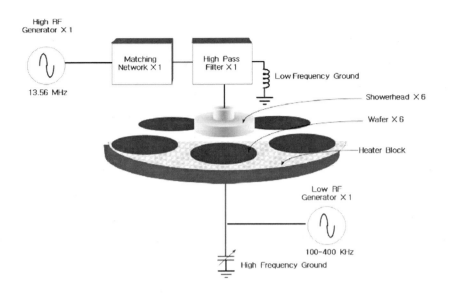

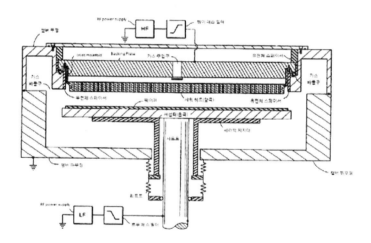

그림 4.6.4.5.1 Process Chamber(PECVD)

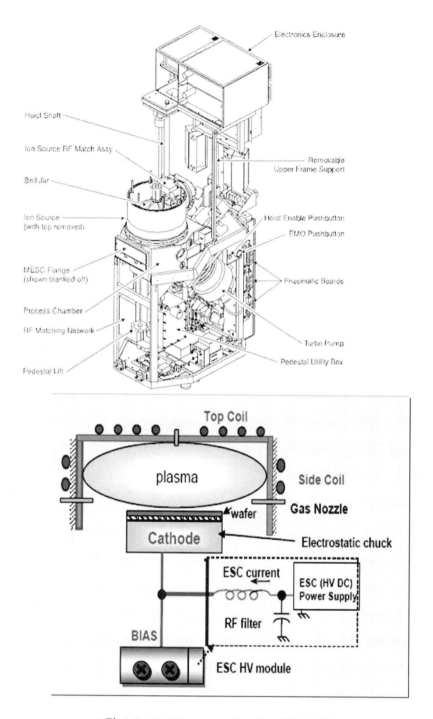

그림 4.6.4.5.2 Process Chamber(HDPCVD)

4.7 박막(Thin Film) 장비 (2) PVD(Physical Vapor Deposition) 장비

4.7.1 PVD (Physical Vapor Deposition) 장비 기술의 개요

이번 장에서는 대표적인 박막 장비 중 하나인 PVD 장비 기술에 대해 기술하고자 한다. PVD장비는 크게 스퍼터링(Sputtering) 장비, 이베포레이션(Evaporation) 장비, 이온플레이팅(ion plating) 장비로 나눌 수 있는데 반도체 공정에서는 주로 스퍼터링 장비를 사용한다. 스퍼터링이란 타겟(Target)이라 불리는 고체 덩어리 표면을 직류(DC) 또는 교류(RF), 자석(Magnetron)을 사용하여 챔버 내에 플라즈마를 형성하여 여기서 발생한 고에너지를 가진 이온을 타겟에 충돌시켜서 타겟을 구성하고 있는 물질의 원자 또는 분자가 타겟의 표면으로부터 튀어 나오는 현상을 말한다. 스퍼터링에 의해 만들어진 이 물질들이 웨이퍼 기판에 증착되는 현상을 이용한 장비를 스퍼터(Sputter) 장비라고 한다. 이에 반해 박막을 형성하는 물질을 함유한 재료(고체 또는 액체 소스)를 열(Thermal)이나 전자 빔(Electron Beam)을 사용하여 증발(Evaporation) 시켜서 기상화된(Vaporized) 물질을 웨이퍼에 증착하는 장비를 이베포레이터(Evaporator)라고 한다. PVD 방법은 CVD 방법에 비하여 증착 온도를 낮출 수 있고 상대적으로 오염물질을 적게 만드는 장점이 있는 반면에 CVD 방법에 비해 스텝 커버리지(Step Coverage)가 떨어지는 단점이 있다. PVD를 이용한 공정은 스퍼터 장비의 경우 주로 알루미늄(Al), 티타늄(Ti), 코발트(Co), TiN, TaN과 같은 금속 박막을 증착하는데 사용되며, Evaporator 장비의 경우는 주로 알루미늄(Al), 구리(Cu), 금(Au), 은(Ag)과 같은 용융점이 낮은 금속 박막을 증착하는데 사용된다. PVD 장비는 주로 챔버 내의 압력이 CVD 장비 경우보다 매우 낮은 ($\sim 10^{-6} \sim 10^{-9}$ Torr) 압력에서 공정이 이루어지며 이러한 고진공을 만들어주기위해 크라이오 펌프(Cryogenic Pump)라는 고진공 펌프를 사용한다. PVD 장비 종류별 장비의 구성 및 특징에 대하여 자세히 살펴보자.

4.7.2 스퍼터(Sputter) 장비의 구성

스퍼터(Sputter) 장비는 CVD보다 더 낮은 압력인 초고진공(~$10^{-8~-9}$ Torr) 상태에서 공정이 진행되는 장비로서 장비의 메인프레임(Mainframe)은 기본적으로 PECVD 장비와 유사하다. 로드 포트와 로드락 챔버, 중간 버퍼역할을 하는 버퍼(Buffer) 챔버, 트랜스퍼 챔버, 쿨다운(Cooldown) 챔버, 프리클린 챔버(Pre-Clean) 챔버, 공정 챔버로 구성되어 있으며 로드락 챔버를 제외하고는 초고진공 상태를 유지하기 위해 초고진공용 펌프인 크라이오 펌프(Cryogenic Pump)가 사용된다. PECVD 장비와 달리 스퍼터 공정 챔버에 사용되는 플라즈마 발생 방식에는 고전압의 직류(DC)를 사용하여 타겟(Target)을 고전압의 음극에 연결하여 챔버 내를 플라즈마가 형성되게 하는 DC 스퍼터링, 타겟에 고주파 전압을 인가하여 챔버 내를 플라즈마가 형성되게 하는 RF 스퍼터링, 전계(Electric Field)와 직교하는 자계(Magnetic Field)를 발생시키는 Magnetron Cathode를 사용하고 타겟에 DC 또는 RF를 인가하여 챔버 내에 플라즈마가 형성되게 하는 Magnetron 스퍼터링 방식으로 나뉘어 사용되고 있다. 주변 장치로 RF 발생장치, 진공 펌프 장치와 가스 스크러버 장치로 구성되어 있다. 또한 크라이오 펌프에 냉매인 헬륨을 공급하는 장치인 헬륨 컴프레서(Helium Compressor)가 추가로 구성되어 있다. PECVD와 유사한 챔버에 대한 설명은 생략하고, 가장 차이가 있는 프로세스 챔버 부분을 중심으로 기술하도록 한다.

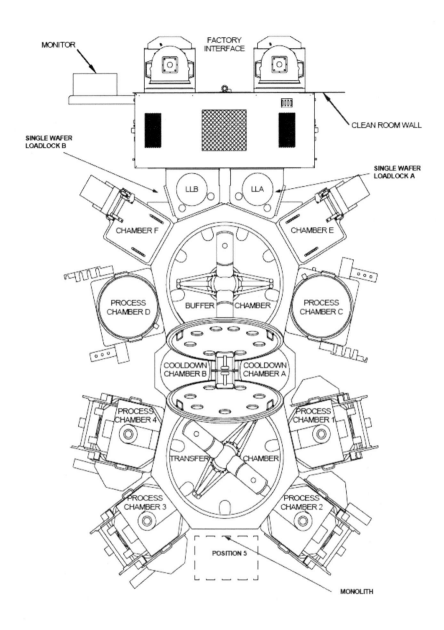

그림 4.7.2.1 PVD Sputter 장비 사진 및 구성도

4.7.2.1 공정(Process) 챔버

메인프레임에 부착되어 있는 챔버 중 실제 공정이 진행되는 챔버로 증착 물질을 고체화시킨 타겟(Target)과 타겟과 충돌하여 타겟으로부터 타겟 원자를 떼어내는 역할을 하는 가스(주로 아르곤(Ar)가스)가 주입되는 부위와 플라즈마를 인가시키는데 사용하는 DC 또는 RF 파워 발생기로부터 연결된 파워 케이블 및 RF Matcher, Filter 부, 마그네트론 스퍼터링 시스템의 경우 자기장 발생을 위한 Magnet assembly, 타겟 위에 위치하여 Magnet assembly를 회전(rotate) 시키는 Rotate Magnet assembly, 웨이퍼를 지지하는 서셉터(Susceptor)역할을 하며 웨이퍼에 열을 가하는 Heater Block, 웨이퍼를 고정시키는 정전척(ESC; Electro Static Chuck), 서셉터와 연결되어 있으며 서셉터의 온도를 읽어서 온도 조절기로 보내는 써모커플 프루브(Thermocouple Probe), 반응하고 남은 잔여 가스를 진공 펌프 쪽으로 배출하는 배기구, 챔버 내의 압력을 조절하는 Throttle Valve, 챔버 내의 압력을 읽을 수 있는 압력 게이지(Vacuum Gauge), 프로세스 킷(Process Kit) 등으로 구성되어 있으며, 고진공용 크라이오 펌프(Cryogenic Pump)가 챔버 하단의 배기라인에 연결되어 챔버 내를 고진공으로 만들어 주는 역할을 한다.

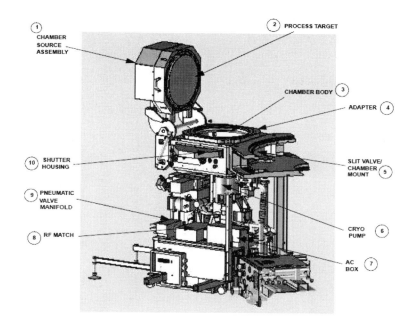

그림 4.7.2.1.1 Sputter Process 챔버 구성도

스퍼터링 방법에는 크게 DC 스퍼터링 방법과 RF 스퍼터링 방법, Magnetron 스퍼터링 방법이 있는데 Magnetron 스퍼터링 방법은 주로 단독으로 사용되지 않고 DC 스퍼터링 방법이나 RF 스퍼터링 방법과 함께 사용된다.

4.7.2.1.1 DC 스퍼터링

DC 스퍼터링은 진공 챔버 내에 놓인 음극(Cathode)과 양극(Anode)간에 높은 DC(직류) 전압을 인가한 다음 챔버 내로 가스 주입구를 통하여 아르곤(Ar) 가스를 주입시킨다. 주입된 아르곤 기체는 두 전극 사이에서 발생한 전자(electron)와 충돌하여 양으로 대전된 아르곤 이온(Ar^+)을 생성시킨다. 이렇게 생성된 많은 양의 아르곤 이온들이 음극과 연결된 타겟(Target)을 가격하여 타겟을 이루고 있는 물질의 원자를 (주로 금속 원자) 타겟 표면으로부터 떼어낸다(Sputtering). 이들 스퍼터링된 원자들이 기판(웨이퍼)에 증착되어 막(film)을 형성시킨다. 이 과정에서 모든 아르곤 이온들이 스퍼터링에 기여하는 것이 아니라 일부 이온은 그냥 타겟 표면에서 이온 형태로 튕겨 나오기도 하고 일부 이온은 타겟 내부에 박혀(embedded) 버린다. 이온들이 스퍼터링에 기여하는 정도를 수치화한 것이 스퍼터링 효율(Sputtering Yield)인 것이다. DC 스퍼터링에 사용될 수 있는 타겟은 전도성 물질(Al, Co 등 금속 물질)만 가능하고 절연체 물질은 불가능하다.

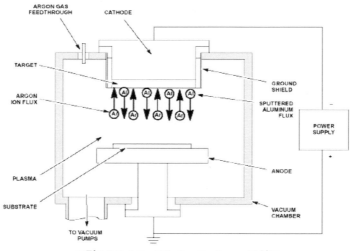

그림4.7.2.1.2 DC Sputtering 모식도

4.7.2.1.2 RF 스퍼터링

RF 스퍼터링은 13.56MHz의 주파수를 가진 RF 파워를 인가한 후 정합 회로(RF Matcher)를 통하여 들어온 고주파 전력이 타겟과 연결된 전극에 인가된다. 챔버 내로 가스 주입구를 통하여 아르곤(Ar) 가스를 주입시킨다. 주입된 아르곤은 두 전극 사이에서 발생한 전자(electron)와 충돌하여 양으로 대전된 아르곤 이온(Ar^+)을 생성시킨다. 이렇게 생성된 많은 양의 아르곤 이온들이 타겟에 인가된 고주파의 음의 반주기 마다 타겟(Target)을 가격하여 타겟을 이루고 있는 물질의 원자를 타겟 표면으로부터 떼어낸다 (Sputtering). 고주파 전력의 양의 반주기 동안은 전자들을 끌어들여서 음의 반주기 동안 전극에 축적된 양전하들을 중화(Neutralization)시키는 역할을 한다. 이런 이유로 타겟 물질로 도체뿐만 아니라 절연체를 사용하는 것이 가능하게 된다.

RF스파터링 시스템

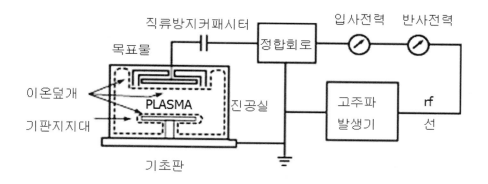

그림 4.7.2.1.3 RF Sputtering 모식도

4.7.2.1.3 Magnetron 스퍼터링

마그네트론은 챔버 내 캐소우드(Cathode) 뒤에 위치한 마그넷(Magnet)을 말한다. 이 마그넷은 타겟과 수평한 위치를 갖으며 DC 스퍼터링 시스템에 추가되어 자기장 (Magnetic Field)과 전자(Electron)의 상호작용에 의해 챔버에 주입된 가스의 이온화

(Ionization)를 증진시켜서 결국 스퍼터링 효율을 높여준다. 또한 방전 시 전자의 밀도를 증진시켜서 DC 인가전압을 낮출 수 있다. 통상 DC 스퍼터링 시스템에서는 5,000~10,000 V DC의 고전압을 사용하여야 플라즈마를 유지시킬 수 있는데 반하여 DC 마그네트론 시스템을 사용하면 단지 400~800 V DC를 사용할 수 있어서 인가전력을 약 10분의 1 수준으로 낮출 수 있다. 아울러 전자 감금으로 인하여 기판(웨이퍼)에 폭격되는 전자의 양을 감소시켜서 전자와의 충돌로 기판 온도가 가열되는 것을 줄일 수 있는 장점이 있다. 시스템의 작동 원리는 타겟 뒤에 붙어 있는 마그넷이 자기장을 만들어 자기력선들이 타겟 표면과 평행하게 만들어 지고 플라즈마에서 만들어진 전자들이 자기력선들을 중심으로 회전하며 이러한 회전 운동(Spiraling Motion)들에 의해 챔버 내로 주입된 아르곤(Ar) 가스들과 전자들간의 충돌(Collision)을 증가시키게 된다. 이러한 증가된 충돌에 의해 아르곤 이온(Ar⁺)들이 많이 만들어져서 타겟과의 충돌이 많이 됨으로서 타겟에서 스퍼터 링되는 원자들이 많이 생겨서 기판(웨이퍼)에 증착이 빨리 이루어지게 된다.

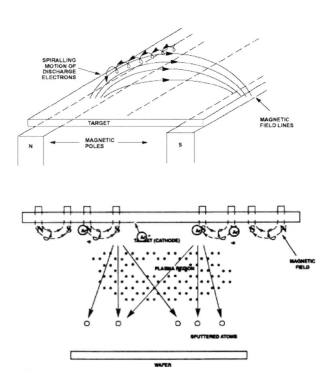

그림 4.7.2.1.4 Magnetron Sputtering 모식도

4.7.2.1.4 바이어스(Bias) 스퍼터링

스퍼터링이 진행되는 동안에 원하지 않은 오염 물질이 증착 물질에 포함 될 수가 있다. 이러한 오염 물질은 박막의 품질을 저하시킬 수 있다(저항이 높아지는 문제 발생 등). 이러한 필름의 품질 저하를 막고 박막 피복성(Step Coverage), 특히 패턴의 측면 박막 피복성을 좋게 하기 위하여 기판(웨이퍼)에 음(−)의 DC 전압을 걸어 주는 것을 바이어스(Bias) 스퍼터링이라고 한다. 기판에 음의 DC 전압을 인가하면 아르곤 이온 (Ar+)들이 바이어스 전압에 끌려서 기판을 때려서 기판에 성장하는 박막의 표면을 약한 에너지를 갖고 재스퍼터링(Resputtering)하게 되며 이로 인하여 필름에 흡착된 오염원들을 제거하여 결국 필름의 순도와 밀도를 증가 시킨다. 또 다른 바이어스의 장점은 이렇게 아르곤 이온이 바이어스 전압에 의해 패턴의 바닥(Bottom)을 때려서 Resputtering 되면서 바닥에 형성되는 필름을 측면(Sidewall)에 재증착(Redeposition) 시켜서 결과적 으로 패턴의 측면 스텝 커버리지(Step Coverage)를 개선시키는 역할도 하게 된다.

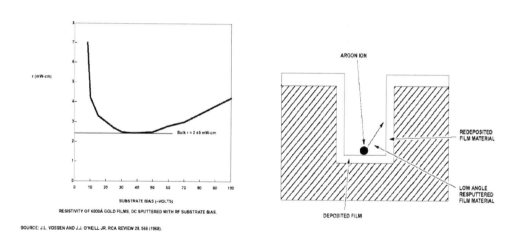

그림 4.7.2.1.5 Bias Sputtering 모식도

4.7.2.1.5 리액티브(Reactive) 스퍼터링

스퍼터링을 이용하면 고체(Solid)와 가스 상태의 소스 물질을 합친 혼합물(compound material)을 웨이퍼에 증착시킬 수 있다. 이러한 방법을 리액티브 스퍼터링이라고 한다. 리액티브 스퍼터링을 이용하면 전도성물질 과 절연성 물질을 모두 증착시킬 수 있다. 리액티브 스퍼터링으로 증착되는 대표적인 물질이 TiN 박막 물질이다. TiN 박막은 순수한 티타늄(Titanium)과 순수한 질소(N_2) 가스를 사용하여 증착한다. 증착 과정은 다음과 같다. 챔버 내를 질소 와 아르곤 가스를 주입시킨 다음 플라즈마를 형성 시킨다. 그런 다음 질소의 흐름을 증가시키면 티타늄(Ti) 타겟 표면이 질화된다(nitridation). 이 질화된 타겟 표면 (TiN)을 아르곤 이온(Ar^+)이 스퍼터링 하면 TiN이 웨이퍼 표면에 증착되게 된다. 질소의 흐름 양에 따라 TiN 박막의 특성이 달라지며 질소의 유량이 많아질수록 TiN 박막의 증착속도는 저하된다.

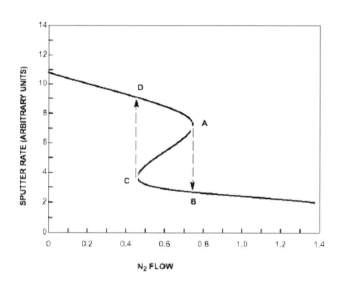

그림 4.7.2.1.6 Reactive Sputtering에서의 질소 유량에 따른 스퍼터링 rate

4.7.2.1.6 IMP(Ionized Metal Plasma) 스퍼터링

 비아(Via) 또는 트렌치(Trench) 같은 좁은 홈에 바닥면까지 금속 증착을 균일하기 위해 개발된 스퍼터링 방법으로 I-PVD(Ionized Physical Vapor Deposition)이라고도 하며, 기존의 DC Magnetron 스퍼터링 방법으로 일차로 플라즈마를 형성하여 챔버 내로 주입된 아르곤 가스를 이온화 시켜 이온화된 아르곤 가스(Ar$^+$)가 타겟을 가격하여 타겟 표면에서 떨어져 나온 금속 원자들이 2차로 ICP(Inductive Coupled Plasma)소스로 부터 발생된 플라즈마 영역에서 만들어진 고밀도 전자들에 의해 대부분 이온화 되게 된다. 이온화된 금속 원자들은 기판에 연결된 RF에 의해 형성된 플라즈마 쉬스(Sheath)영역을 거쳐 기판(웨이퍼) 방향으로 수직으로 가속되어 웨이퍼에 증착하게 된다. 이 방식을 사용하면 좁은 홈을 가진 High Aspect Ratio의 비아(Via)나 트렌치 구조(Trench)에서도 이온화된 금속 물질을 바닥까지 채울 수 있고 바닥에서 점차적으로 홈에 윗부분까지 보이드(Void) 없이 금속으로 채울 수 있게 된다.

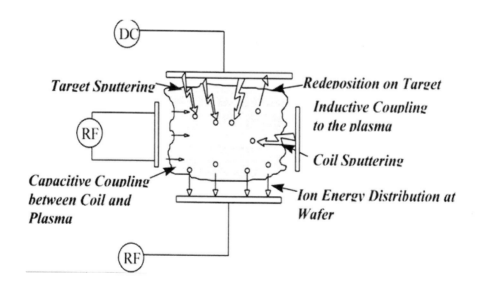

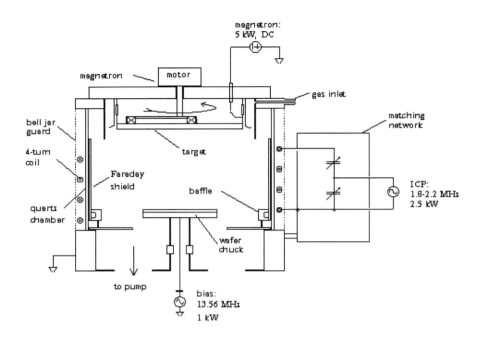

그림 4.7.2.1.7 IMP Sputtering 원리와 챔버 구성 모식도

4.8 세정 장비

4.8.1 세정 장비 기술의 개요

반도체 소자 제조에 사용되는 공정에는 수많은 세정공정이 존재한다. 각 공정들의
전, 후로 세정공정이 진행되는데 공정 전 세정공정을 전세정(pre cleaning)이라 하고
공정 후 진행되는 세정 공정을 후세정(post cleaning)이라고 한다. 세정 공정의 목적은
주로 웨이퍼 표면에 존재하는 오염물(contaminants)들을 제거하는 것이다. 반도체 소자의
미세화가 진행될수록 웨이퍼 표면에 존재하는 오염물은 소자의 수율(yield)이나 신뢰성
(reliability)에 심각한 영향을 끼치게 된다. 오염물의 발생 원인으로는 소자 제조과정에서
공정에서 사용되는 가스 나 케미칼 등 이 반응하면서 오염원을 발생하는 경우도 있고,
장비에서 웨이퍼가 이동되면서 오염원이 발생하는 경우도 있고, 장비에서 사용하는 각종
부품 및 재료에서 오염원이 발생하는 경우도 있고, 작업자 등 인체로부터 오염원이 발생하
는 경우도 있으며 기타 여러 가지 경로로 오염원들이 발생하게 된다. 오염의 종류로는
파티클, 유기물, 무기물, 금속이온 등 이온성, 기타 공정과정 중 발생하는 표면의 미세
거칠기(micro roughness), 대기 중 산소에 의한 자연산화막(native oxide) 등이 있다.

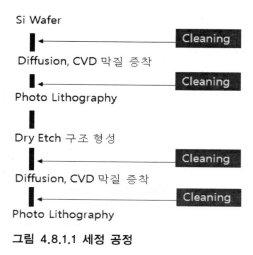

그림 4.8.1.1 세정 공정

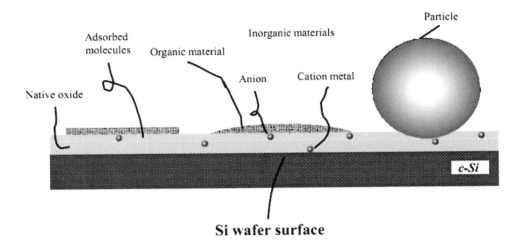

Si wafer surface

그림 4.8.1.2 웨이퍼 표면 오염물 종류

Contaminants	Contaminants Source	Affects	Example of contamination induced-failure
Particle	대기 중의 먼지, 장비, 사람, 그리고 공정 진행에 의해서 발생하는 입자들 등에 의해서 오염	Gate Ox 특성 저하, Poly Si & Metal bridge 등을 유발	Particle에 의해 line short 발생. 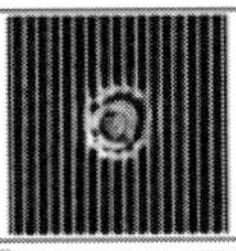
Organic Impurities	대기 중에서 오염되는 유기화합물, PR 잔류물, 작업자 등에서 오염되는 유기물	Oxidation Rate 변화, Oxide 특성 저하를 유발	질화막 증착 on oxide surface (a) Cleaning 실시. (b) Cleaning 미 실시. 질화막 두께 : (b) < (a)
Metallic Impurities	Chemical 이나 Material, 장비 등에서 발생하는 금속에 의한 오염	Junction leakage 증가, life time 감소 등의 전기적 특성저하를 유발	Metal 오염된 표면에서의 poly Si의 비정상 성장 
Micro-roughness	Cleaning시 Wafer 표면의 미세 거칠기 발생	Break down 특성저하, Carrier mobility 특성저하	(a) Micro-roughness normal (b) Micro-roughness 발생. 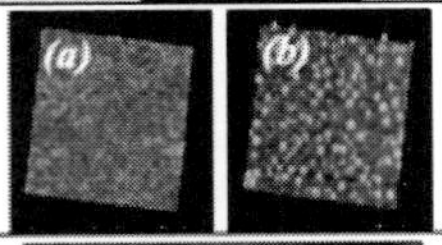
Native oxide	Si이 대기 중, 공정 중 산소와 반응하여 산화 막 형성($Si - O_2 \rightarrow SiO_2$)	Epi-layer 품질저하, Gate Ox 품질저하, Silicide 형성불량, Contact 저항 불량	산화막을 제거하지 않은 경우 Plug poly Si위에 자연산화막 

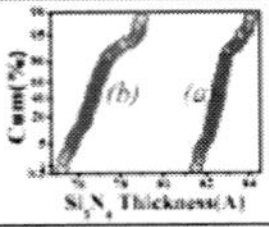

그림 4.8.1.3 오염물에 따른 웨이퍼에서의 불량 유형

이러한 오염물들을 제거하기 위해서는 여러 가지 방법들이 개발되어 사용되어져 왔는데 그 기본이 되는 기술은 1970년대에 미국 RCA라는 회사에서 개발한 RCA 세정 방법으로 지금까지도 세정 기술로 사용되고 있다. 세정 방법에는 크게 RCA 세정법을 비롯하여 화학 용액(Chemical)과 초순수(UPW: Ultra Pure Water)를 사용하여 웨이퍼의 오염물을 제거하는 습식 세정(Wet Cleaning) 방법과 플라즈마(Plasma)나 자외선(UV), 염소(Cl), HF 등의 가스(Gas) 또는 레이저(Laser)를 사용하여 오염물질을 스퍼터링(Sputtering)하여 제거하거나 오염 물질과 결합하여 휘발성 화합물로 만들어 웨이퍼의 오염물을 제거하는 건식 세정(Dry Cleaning) 방법으로 나눌 수 있는데 세정 능력과 세정 재현성 측면에서 습식 세정이 건식 세정 방법보다 우수하므로 주로 습식 세정 방법이 사용되고 있으며 보조적으로 건식 세정이 사용되고 있다. 그러나 향후 소자의 미세화가 진행될수록 건식 세정의 필요성이 더욱 증대될 것으로 예상된다.

습식 세정에 사용되는 화학용액들은 제거 대상 오염원의 종류에 따라 세정 능력이 우수한 화학 용액들이 다르게 적용된다. 일반적으로 포토레지스트 등의 유기물 제거에는 황산(H_2SO_4)과 과산화수소(H_2O_2)를 적절한 비율로 섞은(통상 3:1 또는 4:1) 피라나(Piranha) 세정용액, 산화막(SiO_2) 또는 자연 산화막 제거에는 불산(HF)과 초순수(H_2O)를 적절한 비율로 섞은(통상 1:10~1:100) HF 수용액(Diluted HF), 불산에 pH값을 조절하여 소모된 불화물 이온을 보충하기 위한 목적으로 암모늄 플로라이드(NH_4F)를 첨가한 BHF(Buffered HF, BOE(Buffered Oxide Etchant)라고도 함)), 질화막(Si_3N_4) 제거에는 85% 인산(H_3PO_4), 메탈 식각 후 폴리머(Polymer)제거를 위해서는 ACT CMI, ACT 935와 같은 솔벤트(Solvent) 용액이 주로 사용된다.

파티클 제거 및 금속 불순물 제거에는 RCA 세정 방법이 가장 널리 사용된다. RCA 세정 방법은 파티클 제거 효과가 우수한 암모니아수(NH_4OH)와 과산화수소(H_2O_2)와 초순수(H_2O)를 적절한 비율로 섞은(통상 1:1:5) SC-1 세정 용액과 금속 이온 제거에 효과적인 염산(HCL)과 과산화수소(H_2O_2)와 초순수(H_2O)를 적절한 비율로 섞은(통상 1:1:5) SC-2 세정 용액으로 구성된다. 이들 SC-1, SC-2에서의 혼합 비율은 적절하게 조절되어 사용되는 경우도 많은데 이를 Modified RCA 세정 방법이라고 부른다.

4.8.2 세정장비의 구성

세정 장비는 크게 뱃치 타입(Batch Type)과 싱글 타입(Single Type)으로 구분된다. 뱃치 타입의 세정 장비는 세정 시 여러 장의 웨이퍼(통상 25장~50장)를 동시에 처리하는 장비로서 여러 개의 세정 조(Cleaning Bath)가 일렬로 배치되어 있다. 싱글 타입의 세정 장비는 하나의 챔버(Chamber) 내에서 한 장의 웨이퍼를 세정과 건조를 수행하는 장비이다.

뱃치 타입의 세정 장비는 생산성(Throughput)이 뛰어나고 약액 재사용등으로 인한 세정약품의 소모량을 줄일 수 있는 장점이 있는 반면에 장비 크기가 커서 클린룸내 점유 공간(Foot Print)이 크고, 약액조 내에서 웨이퍼 상호간의 오염(Cross Contamination)에 취약한 단점이 있다. 이에 반하여 싱글 타입의 세정 장비는 생산성(Throughput)이 낮고, 케미칼 재사용이 어려워 약품 소모량이 큰 단점이 있으나 장비가 차지하는 면적(Foot Print)이 작고, 파티클 등 오염 제거 및 웨이퍼 상호간의 오염 우려가 없다는 장점이 있어 요즘에는 뱃치 타입보다 싱글 타입의 세정 장비가 더 많이 사용되는 추세이다. 최근에는 싱글 타입의 단점인 낮은 생산성을 개선하기 위하여 여러 개의 챔버(16~24개)가 한 장비에 설치되어 있다.

그림 4.8.2.1 뱃치 타입(Batch Type) 세정 장비

그림 4.8.2.2 싱글 타입(Single Type) 세정 장비

세정 장비를 구성하고 있는 세부 모듈을 뱃치 타입을 중심으로 설명하도록 한다. 세정
장비는 크게 로더(Loader), 웨이퍼 이송 로봇(Robot), 케미칼 배쓰(Chemical Bath),
QDR Bath, OF(Overflow) Bath, FR(Final Rinse) Bath, IPA Dryer, 언로더(Unloader)로
구성되어 있다. 이에 대해서 하나씩 살펴보기로 한다.

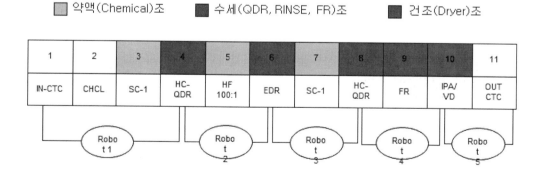

그림 4.8.2.3 뱃치 타입(Batch Type) 세정 장비 구성도

4.8.2.1 로더(Loader)

세정이 진행될 웨이퍼를 로트(Lot) 단위로 25장~50장의 웨이퍼를 투입시키는 역할을 하며 웨이퍼 매수를 카운트(Count)한다. 한 로트가 25장인 경우 2개의 롯트를 합쳐서 50장으로 묶은 다음 웨이퍼 이송 로봇이 50장의 웨이퍼를 케미컬 배쓰(Bath)에 이동시키도록 구동되는 CTC(Cassette to Cassette)가 장착되어 있다.

4.8.2.2 웨이퍼 이송 로봇(Wafer Transfer Robot)

로더에 장착된 웨이퍼를 케미칼 세정조내 웨이퍼가 놓일 위치에 이송하는 역할을 하며 통상 몇 개의 이송 로봇을 사용하여 세정 배쓰간 이송 역할을 분담하게 된다. 로봇은 크게 웨이퍼만을 이송하는 캐리어리스 타입(Carrierless Type)과 웨이퍼를 담은 캐리어까지 함께 이송하는 캐리어 타입(Carrier Type)으로 구분된다. 통상 캐리어 사용으로 인한 오염 가능성 배제 및 약액 소모량 절감을 위하여 캐리어리스 타입이 주로 사용된다. 로봇 이송에 사용되는 로봇은 주로 AC 서보모터(Servo Motor)를 사용하고 벨트로 구동하며 통상 4축(X,Y,Z 축과 로봇 Chuck의 Open/Close를 수행하는 축) 로봇 암(Arm)을 갖고 있다.

로봇 척(Chuck)의 오염으로 인한 파티클(Particle) 방지를 위하여 로봇 척을 초순수(DIW: De-Ionized Water)로 세척하고 질소(N_2) 가스를 사용하여 건조시키는 척 클린 유닛(Chuck Clean Unit)이 세정 장치에 장착되어 있다.

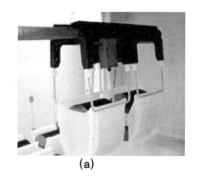
(a)

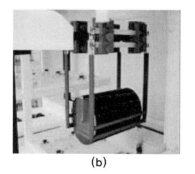
(b)

그림 4.8.2.4 캐리어 타입(a) 및 캐리어리스 타입(b) 로봇 암(Arm)

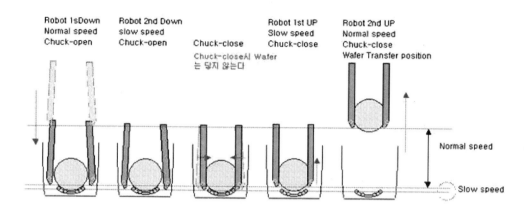

Robot 1sDown
Normal speed
Chuck-open

Robot 2nd Down
slow speed
Chuck-open

Chuck-close

Robot 1st UP
Slow speed
Chuck-close

Robot 2nd UP
Normal speed
Chuck-close
Wafer Transfer position

Chuck-close시 Wafer
는 닿지 않는다

Normal speed

Slow speed

그림 4.8.2.5 웨이퍼 이송 로봇 암(Arm) 동작 시퀀스(Sequence)

4.8.2.3 케미칼 배쓰(Chemical Bath)

세정에 사용되는 약액(Chemical)을 사용하여 웨이퍼를 세정하는 역할을 하는 배쓰(Bath)를 말한다. 배쓰 재질로는 테프론계 또는 SUS에 테프론(주로 PFA)을 입히거나 Quartz 재질을 사용하며 내조(Inner Bath)와 외조(Outer Bath)로 구성되어 있다. 케미컬 공급은 장비 내에 설치된 케미컬 탱크(Tank)로부터 배쓰 내조로 공급되며 내조에서 외조로 오버플로우(Overflow)된 케미컬이 순환 펌프와 필터(Filter)를 거쳐서 다시 내조로 공급되게 구성되어 있다. 또한 약액 레벨 센서(Level Sensor)를 사용하여 약액의 공급 수위를 조절하여 배쓰에 주입하도록 되어 있으며 초순수(DIW)와 혼합하여 사용하는 케미컬 베쓰에서는 초순수 공급 라인과 초순수 레벨 센서를 사용하여 초순수 주입 수위를 조절하게 되어 있다. 또한 고온 공정을 위하여 케미컬의 온도 상승이 필요한 배쓰의 경우는 사용 온도에 맞는 용량을 가진 Heater가 인라인(In Line)으로 장착되어 있으며, HF를 사용하는 케미컬 배쓰의 경우는 공정 온도를 원하는 온도로 일정하게 유지시켜주기 위하여 항온조 장치(Heat Exchanger)가 장착되어 있다. 또한 사용 케미컬의 농도 모니터링을 위한 농도계(Concentration Meter)가 장착되어 있어 농도 저하 시 배쓰 내로 케미컬을 추가로 보충(Spiking)할 수 있도록 되어있다. 또한 필터 전,후에 압력계가 장착되어 있어 필터가 막혀 있는지 여부를 감지할 수 있게 되어있다. 배쓰에서 사용이 완료된 케미컬을 배수(Drain) 할 수 있도록 배수 라인이 연결되어 있으며, 케미컬 반응 시 발생되는 흄(Fume)을 배쓰 외부로 배기(Exhaust)시킬 수 있도록 댐퍼(Damper)가 배쓰 외벽 및 하부에 장착되어 있다. 배쓰 하부에는 배쓰로부터 약액 누설(Leak) 시 감지할 수 있도록 약액 누설 센서(Chemical Leak Sensor)가 안전을 위하여 장착되어 있다.

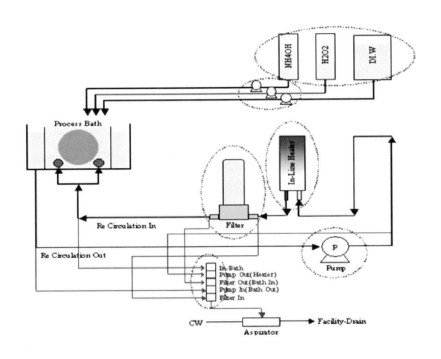

그림 4.8.2.6 케미컬 배쓰 (Chemical Bath) 구성도 예 (SC-1 Bath)

경우에 따라서 케미컬의 세정 능력을 향상시키기 위해서 메가소닉(Megasonic)을 Bath 하단에 장착하여 메가소닉에서 발생하는 고주파에 의해 케미컬에 물리적으로 케비테이션 (Cavitation)을 일으켜서 세정 효과를 높일 수 있다. 고주파 파워(Power)는 조절이 가능하 며 강한 메가소닉 사용시 패턴이 떨어져 나가는 등 패턴에 손상(Damage)이 생길 수 있으니 사용 시 유의해야 한다.

그림 4.8.2.7 메가소닉(Megasonic)이 장착된 케미컬 배쓰 (Chemical Bath)

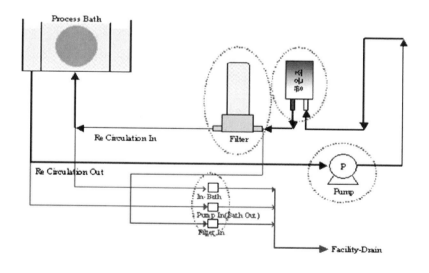

그림 4.8.2.8 케미컬 배쓰 (Chemical Bath) 구성도 예 (HF Bath)

4.8.2.4 초순수 린스 배쓰(DIW Rinse Bath)

약액조(Chemical Bath)에서 약액 세정 공정이 완료된 웨이퍼에 잔류하고 있는 케미컬을 초순수(DIW)를 사용하여 제거하기 위한 배쓰로 QDR(Quick Dump Rinse) 타입과 OF(Overflow) 타입으로 크게 나눌 수 있다. QDR 타입 배쓰는 DIW를 노즐(Nozzle)을 사용하여 초순수를 shower 형태로 웨이퍼에 분사하고 급배수(Quick Dumping)하는 방식을 사용하여 배수(Drain)하며 이러한 'shower 급수+ 급배수'를 여러 차례 반복하여 웨이퍼에 잔류한 케미컬을 제거하는 방식을 사용하는 린스 배쓰이다. 이에 반해 OF(Overflow) 타입 배쓰는 웨이퍼를 초순수(DIW)에 담근 상태에서 지속적으로 초순수를 조(Bath) 하부에서 조 상부 쪽으로 overflow 시키는 방식으로 공급하여 웨이퍼에 잔류한 케미컬을 제거하는 방식을 사용하는 린스 배쓰이다. QDR 타입이든 OF 타입이든 배쓰의 재질은 주로 고순도의 석영제품(Quartzware)을 사용하고 있으며 사용하는 초순수는 Cold DIW 와 DIW를 가열하는 시스템을 거쳐서 공급되는 Hot DIW를 모두 사용할 수 있게 구성되어 있다. 사용이 끝나서 배수되는 DIW는 재생하여 사용할 수 있도록 DIW Reclaim Line에 연결되어 있다. 또한 흄(Fume) 발생 시 배기(Exhaust)를 위하여 케미컬 배쓰에서 사용한 케미컬 종류에 따라 산(Acid) 또는 알칼리(Alkali) 또는 솔벤트(Solvent) 배기 라인과 연결되어 있다.

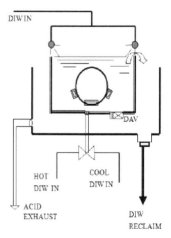

그림 출처:NCS 반도체장비 cleaning 장비운영 학습모델

림 4.8.2.9 초순수 QDR 타입 린스 배쓰 (QDR Type Rinse Bath) 구성도

4.8.2.5 FR(Final Rinse) 배쓰(Bath)

약액조(Chemical Bath) 와 초순수 린스 (DIW Rinse) 배쓰를 거친 웨이퍼를 건조시키기 전에 최종적으로 웨이퍼를 DIW로 린스를 하여 웨이퍼에 잔류된 케미컬을 완벽하게 제거하기 위한 목적으로 사용되는 배쓰이다. FR 배쓰는 고순도의 석영제품(Quartzware)로 제작되어 있으며 비저항 측정계(Resistivity Meter)가 장착되어 있어 배쓰 내의 DIW의 비저항을 측정하여 DIW의 순도를 확인한다. DIW 순도가 설정 값을 (통상 16~18 MΩ-cm) 유지한 상태에서 일정시간 동안 린스를 실행한다. 설정 값에 미달되는 경우는 웨이퍼에 잔존된 케미컬 성분(특히 금속 이온 성분)이 존재한다는 것을 의미하며 이 경우 소자의 전기적 특성 불량의 원인이 될 수 있으므로 엄격한 비저항 관리가 요구된다.

4.8.2.6 건조 장치(Dryer)

FR 배쓰에서 최종적으로 세정이 끝난 웨이퍼를 언로드(Unload) 장치로 이송하기 전에 웨이퍼에 남은 초순수를 제거하여 웨이퍼를 건조하기 위한 장치로서 건조 방식에 따라 웨이퍼를 고속으로 회전시켜서 원심력을 이용하여 웨이퍼에 묻은 물기를 제거하는 스핀 건조 장치(Spin Dryer)와 IPA(Isopropyl Alcohol) 증기(Vapor)를 이용하여 웨이퍼에 묻은 물기를 제거하는 IPA 증기 건조 장치(IPA Vapor Dryer)와 초순수와 IPA의 표면 장력(Surface Tension) 차이를 이용하여 웨이퍼에 묻은 물기를 제거하는 Marangoni Type IPA Dryer 로 구분되어 진다.

4.8.2.6.1 Spin Dryer

약품을 사용하지 않고 웨이퍼를 고속으로 회전시켜서 웨이퍼에 묻은 물분자를 원심력에 의해 제거하는 방식으로 고속 회전 RPM을 조절하여 최적의 건조 조건을 찾는다. 건조 효율을 높이기 위해서 Hot N_2 가스를 일정량 고속 회전 시 주입한다. 다른 건조 방식에 비해 안전한 방식이나 고속 회전 시 정전기 발생 및 진동에 의한 파티클(Particle) 발생 가능성과 건조 후 웨이퍼에 물 반점(Water Mark)이 발생할 수 있는 단점이 있으니 사용에 유의해야 한다.

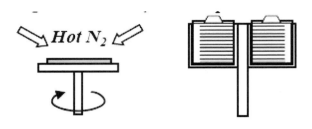

그림 4.8.2.10 Spin Dryer

4.8.2.6.2 IPA Vapor Dryer

IPA 수용액(Liquidized IPA)을 히터(Heater)를 사용하여 증기화 시킨 IPA(Vaporized IPA)로 만들어 증기화 된 IPA에 웨이퍼를 위치시켜 웨이퍼에 묻은 수분을 IPA Vapor를 이용하여 제거하는 건조기 이다. Spin Dryer에 비해 진동으로 인한 파티클 발생이나 Water Mark 발생 가능성은 줄어드는 장점이 있으나 비용이 많이 들고 증기화된 IPA 농도 관리가 힘들고 가연성 물질인 IPA 사용으로 인한 화재 위험성이 있다. 화재 시 신속한 소화를 위한 자동 소화 장치인 CO_2 소화기(Extinguisher)가 장착되어 있다.

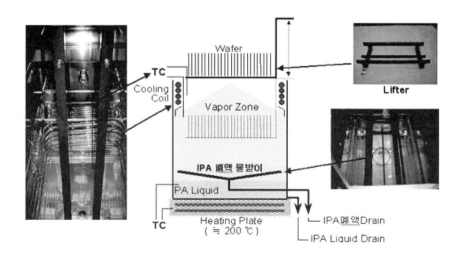

그림 4.8.2.11 IPA Vapor Dryer

4.8.2.6.3 Marangoni Type IPA Dryer

초순수에 담긴 웨이퍼 위에 IPA Vapor를 위치시키고 IPA Vapor층에 N_2 가스를 사용하여 IPA Vapor층을 아래로 밀어내면 IPA와 초순수의 표면 장력(Surface Tension) 차이 (IPA〈DIW)로 인하여 발생하는 힘(Marangoni Force)에 의하여 웨이퍼에 묻어 있는 수분을 파티클과 함께 제거하는 방식의 건조기 이다. IPA Vapor Dryer 방식에 비해 파티클 제거가 용이한 장점이 있다.

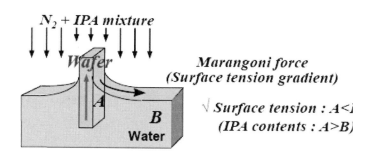

그림 4.8.2.12 Marangoni Type IPA Dryer

4.8.2.6.4 초임계(Supercritical) CO_2 Dryer

최근에 개발된 건조 기술로써 미세패턴에 고 종횡비(High Aspect Ratio) 패턴을 가진 웨이퍼를 건조시킬 때 패턴이 쓰러지는 등 패턴 대미지(pattern damage) 문제가 발생하고 있다. 이에 고압 조건에서 액체도 기체도 아닌(분무 형태) 초임계(Supercritical) 상태의 CO_2를 만들어서 건조하면 IPA 경우보다 표면 장력이 거의 없기 때문에 패턴 대미지 없이 웨이퍼를 건조 시킬 수 있는 장점이 있다. 하지만 CO_2의 순도가 낮을 경우 이에 기인한 파티클이 생길 가능성이 있기 때문에 이에 대한 대책이 필요하다.

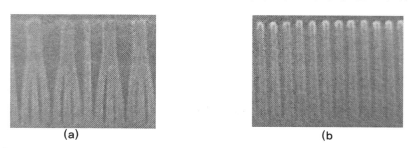

| (a) | (b) |

그림 4.8.2.13 IPA Vapor Dryer(a) 와 초임계 CO_2 Dryer(b) 적용 시 패턴 대미지 비교

4.8.2.7 Single Wafer Cleaner

Batch Type의 단점인 세정 시 웨이퍼 표면에서 탈착한 오염원이 이웃한 웨이퍼에 전사(Cross Contamination)되며, 장비의 점유면적(Foot Print)이 큰 단점을 개선하기 위하여 종래의 Batch Type에서 Single Type으로 세정 장비 사용 빈도가 많이 옮겨 가고 있는 추세이다. Single Type 경우는 한 장비에 여러 개의 챔버(Chamber)를 장착하여 단점인 생산량(Throughput) 저하를 방지하고 있다. Chamber에는 웨이퍼가 놓여지는 Table과 웨이퍼의 회전을 위한 Spindle, 웨이퍼에 약액과 초순수(DIW) 및 N₂, IPA 등을 공급하는 노즐(Nozzle)이 위치하며 가열을 위한 Heater가 장착되어 있다. 세정 시 웨이퍼는 고속 회전을 하며 케미컬 노즐(Nozzle)을 사용하여 웨이퍼 위에 약액을 뿌리고, DIW 노즐을 사용하여 DIW를 분사하여 초순수 세정을 한 후 Hot N₂나 IPA를 사용하여 건조하는 일련의 공정이 한 Chamber 내에서 연속적으로 이루어진다. 웨이퍼 회전 시 원심력에 의한 웨이퍼 이탈을 막도록 구성되어야 하고 웨이퍼의 위치를 정확하게 인식하는 센서가 설치되어 있으며 노즐에서 나오는 약액은 웨이퍼 위에 골고루 뿌려지도록 구성되어야 하며 초순수 세정 후 약액이 웨이퍼 위에 잔류되지 않도록 유의해야 한다. 아울러서 고속 회전에 의한 정전기 발생이 없어야 한다.

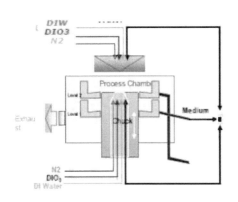 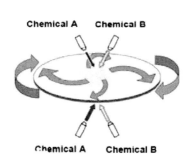

그림 4.8.2.14 Single Wafer Cleaning 원리 모식도

4.9 CMP 장비

4.9.1 CMP 장비 기술의 개요

반도체 소자의 미세화와 배선 층이 다층화 되는 추세에 따라 회로의 표면을 평탄화
함이 요구되었다. 포토리소그래피 공정에서 해상도(Resolution)를 증가시키게 될 경우
렌즈의 개구수(NA; Neumeric Aperture)를 크게 가져가게 되는데 이렇게 되면 초점심도
(DOF; Depth of Focus)가 얕아지게 된다. 이럴 경우 노광되어 지는 표면을 구성하고
있는 막의 요철이 커질 경우 요철의 튀어나온 부분과 들어간 부분을 노광 시 동시에
초점을 맞추는 것이 어려워진다. 따라서 막의 요철의 단차를 줄여서 작은 초점심도에서도
노광이 이루어지도록 해야 한다. 막의 요철의 단차를 줄이기 위한 공정들이 여럿 존재하나
그 중에서 CMP 공정은 막의 요철의 단차를 제거하여 막을 평탄화(Planarization)하는데
가장 적합한 공정이다.

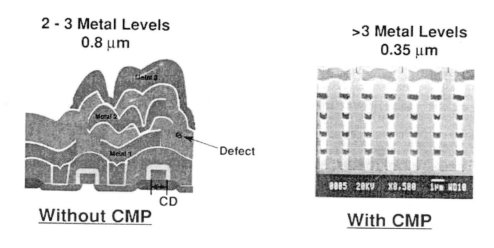

그림 4.9.1.1 CMP 공정 적용 유무에 따른 다층 금속 배선 형상(Cross Section) 비교

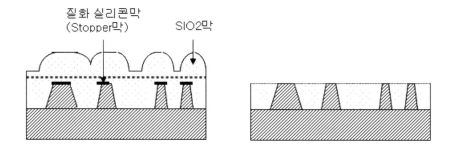

그림 4.9.1.2 트렌치 구조 소자 분리(STI: Shallow Trench Isolation) 막에 CMP 공정을 적용한 평탄화 형상

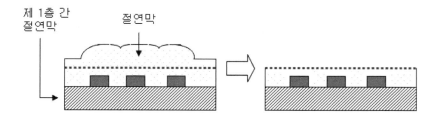

그림 4.9.1.3 층간 절연막(IMD: Inter Metal Dielectric)에 CMP 공정을 적용한 평탄화 형상

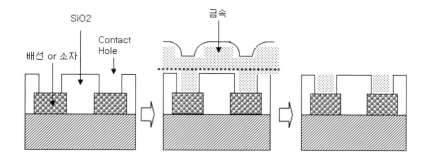

그림 4.9.1.4 금속 매립(Contact/Via Hole Plug)막에 CMP 공정을 적용한 평탄화 형상

CMP 공정은 Chemical Mechanical Polishing의 약어로 웨이퍼의 표면의 요철 박막을 슬러리(Slurry)라는 케미칼을 이용한 화학적 작용과 연마포(Pad)와 웨이퍼 표면의 기계적 마찰을 이용한 연마(Polishing) 작업에 의해 요철 박막을 깎아 내는 공정이다. CMP 장비는 크게 CMP Polisher와 Post CMP Cleaner(CMP 후 세정 장치)로 구성되어 있으며, CMP Polisher는 웨이퍼와 연마포(Pad)의 기계적 마찰을 위해서 웨이퍼를 잡고 있는 헤드(Head), 정반(Platen)과 정반위에 접착 된 연마포(Pad), Pad와 웨이퍼 사이에 연마제(Abrasive)를 분산시킨 용액인 슬러리(Slurry) 공급을 위한 노즐(Nozzle), Pad 내 기공에 침투하여 굳어진 슬러리 찌꺼기를 제거하여 Pad를 재생시키기 위한 패드 컨디셔너(Pad Conditioner)로 구성되어 있으며, Post CMP Cleaner는 세정 장치로서 CMP Polishing 공정 후 웨이퍼에 잔류된 슬러리와 연마된 막의 찌꺼기를 제거하기 위한 브러시 클리닝, 약액 세정, 초순수 세정 및 건조를 수행하는 장치로 구성되어 있다. 또한 웨이퍼를 Polisher, Cleaner, Loader/Unload Port 간에 이송하기 위한 반송(Transport) 로봇 장치가 함께 장착되어 있다. CMP 장치는 최근에는 생산성(Throughput) 향상을 위해서 한 장치 내에 Polishing을 수행하는 Polisher와 Post CMP Cleaner를 여러 개 복수로 조합하여 사용하고 있는 추세이다.

CMP 공정 과정은 CMP 장비의 웨이퍼 로더(Loader)에서 반송 로봇을 사용하여 웨이퍼를 Polishing 모듈로 웨이퍼를 이송 후 슬러리가 공급되어 Polishing을 하고 Polishing이 진행되는 동안 또는 Polishing이 완료된 후 막의 Polishing 상태를 확인하기 위해 EPD (End Point Detector) 시스템이 작동된다. Polishing이 완료된 웨이퍼는 웨이퍼 표면에 잔존해 있는 슬러리 및 연마 찌꺼기를 제거하기 위해 이송로봇에 의해 세정장치(Post CMP Cleaner)로 이동하게 되며 세정장치로 이송된 웨이퍼는 브러시(Brush) 세정, Chemical 세정, DIW 세정, 건조 공정을 거쳐 세정 공정이 완료되면 이송 로봇에 의해 웨이퍼를 언로드(Unload)하면 모든 CMP 공정이 완료된다.

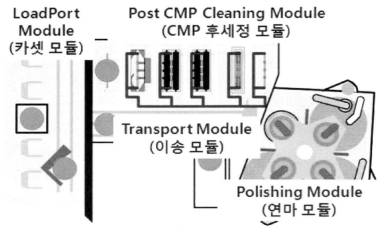

출처 : 22th Korea CMP-UGM 발표자료, 2003년

그림출처:ncs 반도체제조 CMP장비운영 학습모듈

그림 4.9.1.5 CMP 장비 구성 모식도

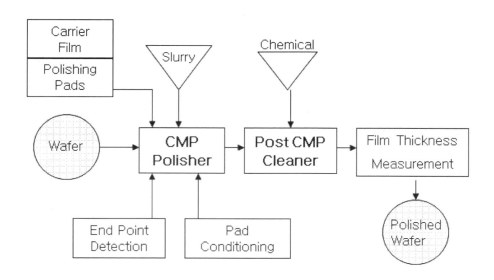

그림 4.9.1.6 CMP 공정 진행 모식도

4.9.2 CMP Polisher

CMP Polisher는 웨이퍼를 잡고 웨이퍼에 압력을 가하면서 회전하는 연마 헤드(Head), 연마 헤드와 상대 운동을 하도록 모터에 의해 회전하는 정반(Platen)위에 접착 된 연마 패드(Pad), Pad와 웨이퍼 사이에 연마제(Abrasive)를 분산시킨 용액인 슬러리(Slurry)를 공급하는 슬러리 공급 노즐(Nozzle), Pad 내 기공(Pore)에 침투하여 굳어진 슬러리 찌꺼기를 제거하여 Pad를 재생시키기 위한 패드 컨디셔너(Pad Conditioner), 연마 종점을 측정할 수 있는 EPD(End Point Detector)로 구성되어 있다. 연마 공정은 웨이퍼 뒷면을 잡고 있는 연마 헤드를 아래 방향으로 힘을 가하여(Down Force) 회전하면서 연마패드와 상대 속도를 유지하며 동시에 슬러리 공급 장치의 노즐에서 주입된 슬러리가 웨이퍼와 연마 패드사이에 공급되며 웨이퍼 표면의 굴곡을 연마한다.

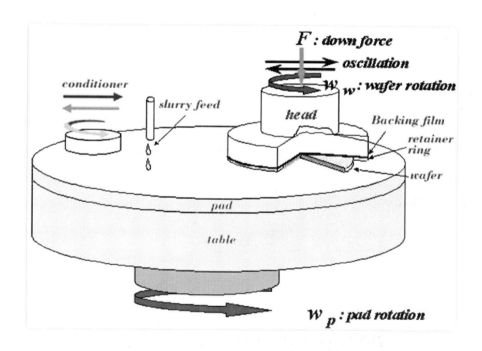

그림 4.9.2.1 CMP Polisher 장비 구성 모식도

4.9.2.1 연마 패드(Polishing Pad)

연마 패드는 정반(Platen)위에 접착되어 있는 폴리우레탄 재질로 되어 있으며 연마 패드의 기능은 다음과 같다.

(1) 패드 표면에 기공(Open Pore)를 가지고 있어 이를 통해 슬러리의 유동을 원활하게 한다.

(2) 패드 표면에 발포 융기(Foam cell Wall)를 갖고 있어 이 융기가 웨이퍼 표면과의 마찰에 의해 반응물을 효과적으로 제거한다.

(3) 연마 패드는 CMP 공정에서 기계적 연마 및 슬러리 유동을 지원하여 화학적 연마를 돕는 역할을 한다.

(4) 연마 반응을 효과적으로 수행하기 위해서 단단하고 거친 표면을 가져야 한다.

연마 패드는 Top Pad와 Bottom Pad로 구성되어 있으며 Top Pad는 고경도의 패드로 국부적 평탄화(Local Planarity)를 형성하는 역할을 하며 Bottom Pad는 연질의 패드로서 광역(Global) Uniformity를 확보하는 역할을 한다.

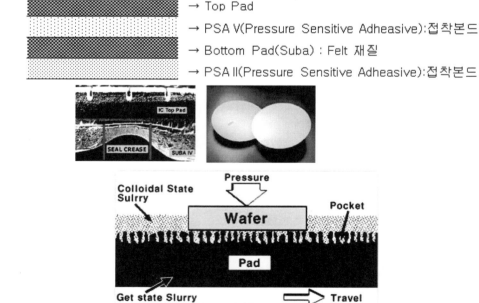

그림 4.9.2.1.1 연마 패드(Polishing Pad) 모식도

4.9.2.2 연마 헤드(Polishing Head)

연마 헤드는 웨이퍼 뒷면을 흡착하여 웨이퍼 표면을 연마 패드와 마주 본 상태에서 압력을 가하여 회전하는 역할을 수행하여 웨이퍼 표면의 막을 평탄화 하는 주요 부품이다. 연마 헤드의 구성품과 기능은 다음과 같다.

(1) Backing Film: Carrier Film 이라고도 하며 웨이퍼 뒷면을 흡착하는 역할을 하며 연마 균일성을 확보하는데 매우 중요한 역할을 한다. 발포 폴리우레탄 재질로 되어 있으며 가습시켜서 그물의 표면 장력에 의해 웨이퍼를 고정시키거나 멤브레인 타입의 진공 척을 사용하는 방식이 있다.

(2) Retainer Ring: 웨이퍼가 연마 도중에 회전 시 발생하는 원심력에 의해 웨이퍼가 이탈하는 현상을 막는 역할을 한다. 재질은 내구성이 뛰어나고 내화학성이 뛰어난 PPS 나 PEEK, PBN 재질로 만들어 진다.

(3) Head Housing: 웨이퍼를 보유하면서 웨이퍼에 압력을 가하는 역할을 수행하는 Housing으로 주로 SUS 재질로 이루어져 있다.

(4) 연마 헤드의 기본적인 움직임은 다음과 같다.

　가) Down Force: Polishing Head 전체에 가해지는 압력

　나) Polishing Head Rotate: CW/CCW(시계/반시계 방향) 회전 운동

　다) Polishing Head Oscillation: Left, Right Sweep Motion

　라) N2 Back Pressure: Wafer 뒷면으로 N2로 가압을 함

　마) Retainer Ring Pressure: 연마 중 웨이퍼 이탈을 방지하기 위한 Pressure

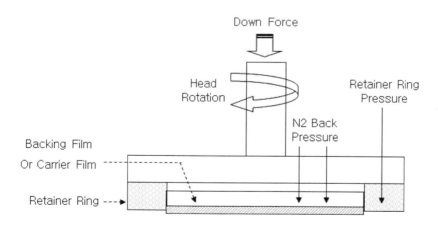

그림 4.9.2.2.1 연마 헤드(Polishing Head) 모식도

4.9.2.3 슬러리 공급 노즐(Slurry Distribution Nozzle)

슬러리(Slurry)는 연마에 사용되는 연마 용액을 말한다. 연마 패드와 연마 헤드의 기계적 마찰에 의해 연마가 진행될 때 슬러리가 웨이퍼 표면과 연마패드 사이 공간에 침투하여 웨이퍼의 화학적 연마를 하고 동시에 기계적 연마를 돕는다. 기계적 연마를 돕기 위해서 미세한 입자(Nano Powder Particle)가 슬러리 용액 내에 균일하게 분산되어 있으며, 연마되는 웨이퍼와의 화학적 반응을 위하여 산 또는 염기와 같은 용액을 초순수 (DIW)에 혼합한다. 슬러리 중의 입자의 분산성을 향상시키기 위해서 계면활성제를 첨가하기도 한다. 슬러리는 연마 대상 막질에 따라 다음과 같이 구분하여 사용한다.

(1) 실리카(Silica)계 슬러리: 사염화규소($SiCl_4$)를 화염 내 산화시킨 연마입자 Fumed Silica(SiO_2) 또는 규산($NaSiO_2$)을 이온 교환하여 만든 Colloidal Silica를 초순수(DIW)에 분산시켜 사용한다. 산화막(SiO_2) CMP에 있어서 pH의 조절이 중요하다. 통상 pH 8~11의 KOH 나 NH_4OH 같은 염기 수용액을 써서 전기적으로 안정되어진 현탁 된 상태로 공정을 진행한다.

(2) 세리아(Ceria) 계 슬러리: CeO_2 입자를 가지며 연마 중 분쇄되면서 미소한 입자로 되어 연마가 진행되며 pH는 7정도의 중성에서 공정을 진행한다. 세리아계 슬러리는 산화막과 질화막의 가공 선택비가 좋기 때문에 주로 STI(Shallow Trench Isolation) CMP 공정에 사용한다. 연마 선택비(Selectivity)를 향상시키기 위해 슬러리 내에 화학적 첨가제를 추가하기도 한다.

(3) 알루미나(Alumina) 계 슬러리: Al_2O_3 입자를 가지며 H_2O_2, $Fe(NO_3)_2$, KIO_3등 산화제를 혼합한 pH 2~4정도의 산성 용액에 분산시켜 사용한다. 주로 텅스텐(W), 알루미늄(Al), 구리(Cu) 등 배선용 금속의 CMP 공정에 사용되며 알루미나 입자가 실리카 입자보다 경도가 높기 때문에 금속막 연마 속도를 향상시킬 수 있다. 단, 높은 경도로 인한 웨이퍼 표면의 Scratch 발생에 유의해야 한다.

슬러리(Slurry)는 슬러리 드럼(Drum) 원액을 슬러리 공급 장치를 통해서 초순수 또는 케미컬과 혼합(Mixing)되어 CMP Polishing 장치의 POU(Point of Use)단에 공급되며 공급된 슬러리는 슬러리 용액 유량 제어 시스템을 거쳐서 슬러리 공급 노즐을 통해서 패드와 웨이퍼 사이 공간에 침투되어 진다. 잉여 슬러리는 회수라인(Return Line)을 거쳐 다시 슬러리 공급 장치로 들어가서 재사용(Reclaim)하게 된다.

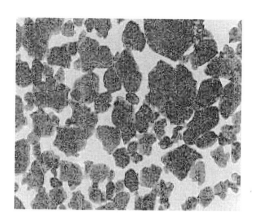

그림 4.9.2.3.1 Oxide 슬러리 용액 내에 Abrasive가 분산된 모습

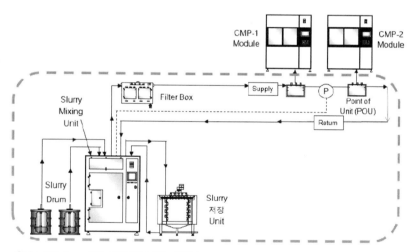

출처 : 22th Korea CMP-UGM 발표자료, 2003년

그림출처:ncs 반도체제조 CMP장비운영 학습모듈

그림 4.9.2.3.2 슬러리 공급 장치 구성 모식도

4.9.2.4 패드 컨디셔너(Pad Conditioner)

CMP 폴리싱이 진행됨에 따라 패드 표면의 미세한 발포 구멍 안에 연마 공정 시 발생하는 가공 잔류물(Slurry 찌꺼기 등), 반응 생성물 등으로 인하여 막힘 현상이 발생하고 이에 따라 연마 속도 및 연마 균일도가 급격하게 떨어지는 현상이 일어난다. 이러한 패드에 박혀있는 입자들을 제거하기 위해 패드의 표면을 다이아몬드 wheel을 사용하여 깎아내는 역할을 하는 장치가 패드 컨디셔너(Pad Conditioner)이다. 컨디셔닝 방법은 다이아몬드를 접착시킨 니켈 플레이트(Ni Plate)를 사용하여 패드 표면에 접촉시킨 후 가압, 회전, sweep 동작을 통해 패드 발포 기공 속에 박혀 있는 슬러리 찌꺼기 및 미세 입자들을 탈착시킨다. 컨디셔닝 동작 중에 플레이트에 박혀있는 다이아몬드 입자가 연마 공정 중 탈착 시 웨이퍼에 scratch를 일으킬 수 있으므로 상당한 주의를 요한다. 또한 컨디셔닝이 과도하게 진행될 경우 패드 표면의 미공들의 함몰을 발생시킴으로 주의해야 한다. 패드 컨디셔너의 형상은 제조업체별로 상이하게 제작되어진다.

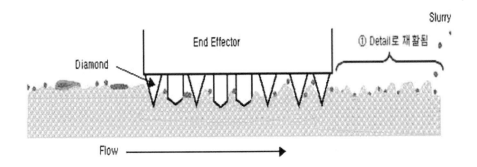

그림 4.9.2.4.1 패드 컨디셔너 장치 동작 모식도

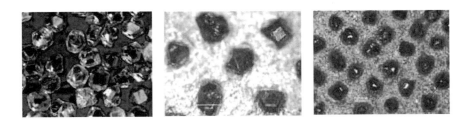

그림 4.9.2.4.2 패드 컨디셔너 다이아몬드 입자

그림 4.9.2.4.3 패드 컨디셔너 형상

패드 컨디셔너에 박힌 다이아몬드의 탈착에 의한 스크래치 방지를 목적으로 다이아몬드를 고정하는 것이 패드컨디셔너 제작에 있어서 매우 중요하며 다이아몬드 탈착을 방지하기 위하여 다이아몬드를 CVD 방법으로 만들어 Holder 위에 증착시킨 타입의 패드컨디셔너도 개발되어 적용되고 있다.

4.9.2.5 종말점 측정기(EPD: End Point Detector)

CMP 폴리싱이 진행됨에 따라 박막의 연마가 진행되고 남은 막의 두께를 측정하여 남은 막의 두께가 목표치에 도달하면 연마가 종료되어야 한다. 그 연마 종료 시점은 연마 대상인 막의 종류에 따라 피연마 재료가 달라지는 종점을 측정하는 경우와 피연마 재료가 같은 재료에서 두께만 달라지는 경우에 종점을 측정하는 경우에 따라 측정 방법이 달라진다. 전자의 경우는 주로 토크(Torque) 검출법이 사용되어지며, 후자의 경우는 광학적(Optic) 검출법이 주로 사용되어 진다.

(1) 토크(Torque) 검출법: 모터 전류(Motor Current)를 이용하여 종점을 측정하는 방법으로 모터의 전류는 웨이퍼 표면과 패드의 마찰력에 따른 마찰계수 변화를 웨이퍼 캐리어의 회전축의 토크 변화를 모터 전류값의 변화로 나타내어 웨이퍼 표면의 연마 상태의 변화를 감지하는 방법이다.

(2) 광학적(Optic) 검출법: 플레이튼(정반) 내부에 레이저가 장착되어 있어서 발생한 레이저 빛이 투명 윈도우(Window)가 있는 연마 패드를 통과하여 웨이퍼 표면에 입사된 후 웨이퍼 표면에서 빛이 반사되면서 간섭이 일어나고 반사율을 측정하여

이를 광학적 수식에 의하여 두께로 환산하여 연마 종점값을 감지하는 방법이다.

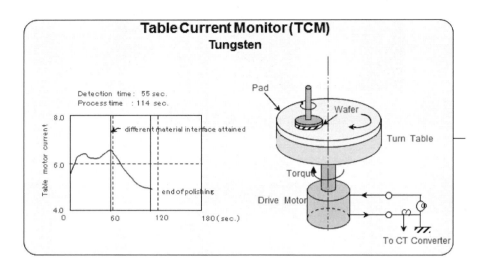

그림 4.9.2.5.1 종말점 측정: 토크(Torque) 검출법

a) details of the optical geometry, side view:

b) laser window sweep,
top view:

그림 4.9.2.5.2 종말점 측정: 광학적(Optic) 검출법

4.9.3 Post CMP Cleaner(CMP 후 세정 장치)

Post CMP Cleaner는 CMP Polishing 후 웨이퍼 위에 잔존하는 슬러리 잔류물, 반응물 등 연마 공정 시 발생한 각종 오염원을 Brush Scrubber 및 메가소닉(Megasonic) 장치 등을 사용하여 물리적으로 제거하고, SC-1, HF 등의 케미컬을 사용하여 화학적으로 제거하는 장치이다. 특히 슬러리 안에는 알칼리 금속 성분, 산화제로 사용되는 물질에 함유된 다량의 중금속 성분이 존재하므로 이들 미립자(Particle)나 금속 불순물(Metal Impurities)을 완벽하게 제거하지 않으면 제품 수율에 악영향을 미치게 된다. Post CMP Cleaner는 종래에는 CMP 장비와 별도로 구성되어 있었으나 근래에는 CMP 장비 내에 In-Line으로 같이 구성되어 있어 반송 로봇에 의해 CMP Polishing이 완료된 웨이퍼를 Post CMP Cleaner로 반송하여 세정 공정을 진행하게 된다.

Pot CMP Cleaner의 구성은 주로 Loader, Megasonic & Chemical Cleaning Unit, Brush Scrubbing Unit, Dry Unit, Unloader로 구성되어 있다.

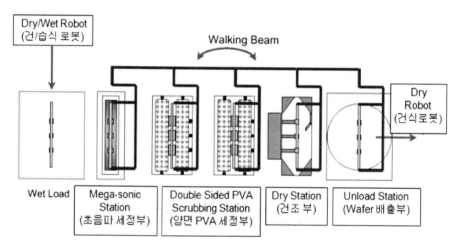

출처 : 22th Korea CMP-UGM 발표자료, 2003년

그림출처:ncs 반도체제조 CMP장비운영 학습모듈

그림 4.9.3.1 Post CMP Cleaner 구성 모식도

(1) 메가소닉(Megasonic)세정: 수 KHz~수 MHz 대의 초음파를 초순수나 케미칼 용액 세정 시 인가하여 웨이퍼에 부착된 파티클을 캐비테이션(Cavitation) 원리에 의하여 물리적으로 제거하는 방법이다. 통상 SC-1이라 불리는 암모니아수와 과산화수소 및 초순수를 일정 비율로 섞은 알카리 수용액에 MHz 영역의 초음파를 인가하여 사용한다. 장비 회사에 따라 Batch Type Megasonic을 사용하거나 Single Type Spray Megasonic을 사용하는 Type으로 나뉜다.

그림 4.9.3.2 Batch Type Megasonic Cleaning

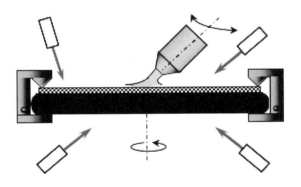

그림 4.9.3.3 Single Type Megasonic Cleaning

(2) Brush Scrubbing : 웨이퍼에 부착된 미립자(Particle)를 브러쉬(Brush)를 사용하여 문질러서(Scrubbing) 물리적인 힘에 의해 박리 제거하는 방법이다. 브러쉬 재질은 통상 PVA(Poly Vinyl Alcohol) 재질로 되어 있다. Roller Type, Pencil Type 등 제조 회사에 따라 여러 가지 Type으로 되어있으며 표면에 미세 기공이 형성되어 있고 웨이퍼 양면과 적절한 압력으로 접촉하여 회전하는 원리로 웨이퍼에 부착된 미립자를 제거하는 방법이다(Double Side Scrubbing). Scrubbing시 diluted NH₄OH나 diluted HF 케미컬을 같이 사용하면 금속 불순물 제거를 효과적으로 수행 할 수 있다.

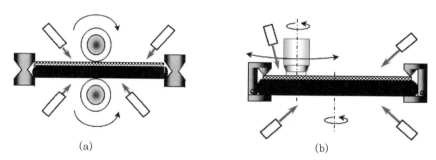

(a)   (b)

그림 4.9.3.4 Brush Scrubbing: (a) Roll Brush, (b)Pencil Brush

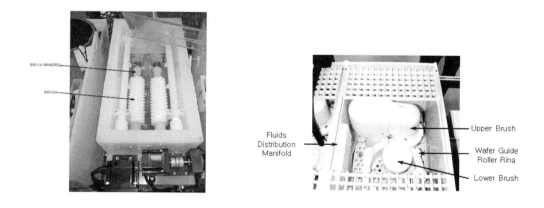

그림 4.9.3.5 Roller Brush Unit

(3) Dry Unit : 메가소닉 세정과 브러쉬 세정이 끝난 웨이퍼를 건조시키기 위한 장치로서 웨이퍼를 고속으로 회전시켜서 원심력에 의해 웨이퍼에 잔존한 물 분자를 제거하는 Spin Dry방식과 IPA를 이용하여 건조하는 방식으로 구분된다. 고속 회전 방식의 경우는 Fly Wheel을 사용하여 고속 회전 시키는데 DIW로 헹군 후 Hot N_2를 사용하여 웨이퍼를 건조시킨다. 건조 효율 증대 및 Water Mark 방지를 위하여 IR(Infra Red) Lamp를 사용하여 추가로 건조시키기도 한다.

SRD Chuck

그림 4.9.3.6 Spin Rinse Dry Unit

4.9.4 Transport Module

Transport Module은 Load Port에 위치한 웨이퍼를 Pick-Up 후 장치 내 특정 위치에 위치시키는 Robot과 특정 위치에 놓인 웨이퍼를 Pick-Up 후 연마 플레이튼 위 연마 헤드가 위치한 자리로 옮겨서 연마(Polishing)를 진행하고 연마가 완료된 후 웨이퍼를 Post CMP Cleaner의 Loader에 위치시키고 Cleaning이 완료된 웨이퍼를 다시 Pick-Up하 여 장치 내 특정 위치까지 이동시키는 역할을 하는 Robot으로 구성되어 진다. 이 후 특정 위치에 위치한 웨이퍼를 Robot이 다시 Unload Port로 옮기면 동작이 완료된다.

로봇 동작시의 위치의 정밀도 등 신뢰성(Reliability)과 속도 등 생산성(Throughput)이 요구된다.

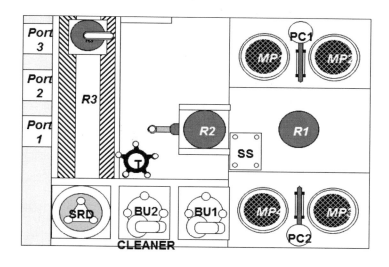

그림 4.9.4.1 CMP 장비 내 Transfer Robot(R1,R2,R3) 모식도(예시)

4.9.5 In-Line Thickness Measurement Tool

CMP Polishing 후 연마 후 두께를 정확하게 측정하는 것이 중요하다. 두께 측정 결과를 장비에 Feed-back 하여 공정 조건을 조절하도록 하는 Closed Loop Control(CLC)을 위하여 CMP 장비 내에 두께 측정 장치를 위치시켜 연마 후 두께를 측정하도록 하는 역할을 하는 것을 In-Line 두께측정기(Thickness Measurement Tool)이라고 한다. 측정 원리는 광원에서 발사되는 빛은 Tube 렌즈와 대물(Objective)렌즈를 통과하여 웨이퍼에 닿으면 웨이퍼 표면에서 반사되는 빛의 양을 Sensor(Detector)에서 검출하여 빛의 양을 계산하여 매체별 상수에 적용하여 매체의 두께를 측정하는 원리이다.

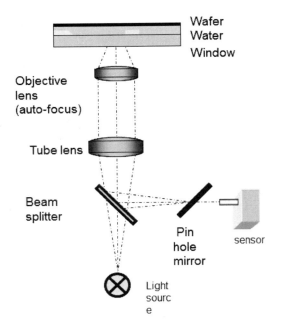

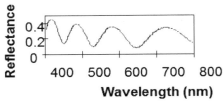

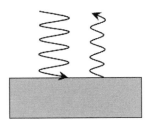

그림 4.9.5.1 CMP 장비 내 In-Line Thickness Measurement Tool 측정 개념도

4.10 MI(Metrology & Inspection) 장비

4.10.1 MI(Metrology & Inspection) 장비 기술의 개요

반도체 소자의 제작은 수많은 단위 공정으로 이루어져 있다. 이들 각각의 단위 공정에는 단위 공정 고유의 공정 규격(Process Specification)이 존재 한다. 공정이 이상 없이 진행된 경우 진행 결과치가 공정 규격 내에 들어와야 함은 물론이고 안정적인 단위 공정 및 장비의 성능 유지를 위해서는 일정 이상의 공정능력지수(Process Capability: Cp, Cpk) 값을 유지해야 한다. 각 단위 공정이 완료된 후 공정 고유의 규격을 측정하기 위해서는 여러 가지 MI(Metrology & Inspection) 장비가 필요하다. MI 공정의 목적은 Metrology(측정기기)를 이용하여 정확한 측정을 통해 단위 공정의 불량 유무를 판별하고, Inspection 장비를 통하여 파티클(Particle), 디펙트(Defect) 등 오염물질을 검출하여, 이를 바탕으로 반도체 소자의 품질과 신뢰성을 확보하여 궁극적으로는 수율(Yield)을 향상하는데 있다. MI 장비 제작에는 주로 광학, 이미지 프로세싱, 데이터 처리 및 분석기술을 접목한 융합 기술이 요구된다.

각 공정별로 요구되는 대표적인 검사항목과 이를 측정하는 MI 장비는 아래 표와 같다.

대상 공정	검사 항목	측정 MI 장비
사진(Photo) 공정	CD(Critical Dimension)	CD-SEM
	Overlay	Overlay Tool
	PR 두께	광학 두께 측정기
	Particle	Particle Counter, Defect Inspection System
식각(Etch) 공정	CD(Critical Dimension)	CD-SEM
	식각 후 단차	Step Profiler
	Particle	Particle Counter, Defect Inspection System
산화(Oxidation) 공정	막 두께	Nanometer, Ellipsometer
	Particle	Particle Counter
확산(Diffusion) 및 이온 주입(Ion Implantation) 공정	저항(Sheet Resistance)	4 Point Probe
	Dose 량	Therma Wave(TW)
	Junction Depth	SIMS
	Particle	Particle Counter
박막(Thin Film) 공정	막 두께	Nanometer, Ellipsometer
	막 굴절율	Ellipsometer
	저항(Sheet Resistance)	4 Point Probe
	막 조성	FTIR
	Particle	Particle Counter
세정(Cleaning) 공정	잔막 두께	Nanometer, Ellipsometer
	Particle	Particle Counter
	금속 이온 측정	TRXRF
CMP 공정	잔막 두께	Nanometer, Ellipsometer
	연마 후 단차	Step Profiler
	Particle	Particle Counter
	금속 이온 측정	TRXRF

표 4.10.1.1 공정별 검사 항목 및 해당 MI 장비

그럼 이들 각 MI 장비에 대한 측정 원리 및 장비 개요에 대하여 하나씩 자세히 살펴보기로 한다.

4.10.2 계측(Metrology) 장비

4.10.2.1 CD SEM(Critical Dimension Scanning Electron Microscope)

반도체 소자의 제작은 수많은 단위 공정으로 이루어져 있다. 이 중 포토(Photo) 공정과 식각(Etch) 공정 완료 후 공정의 이상 유무를 판단하기 위해 요구되는 스펙(Spec) 중 가장 중요한 항목이 바로 패턴(Pattern)의 치수(Critical Dimension) 측정이다. 이 값이 스펙 안에 들어와야 한다. 이 치수 측정을 위한 Metrology Tool이 바로 CD SEM 장비이다.

4.10.2.1.1 CD SEM 측정 원리

CD SEM은 주사현미경(SEM: Scanning Electron Micrscope)을 이용하여 패턴의 치수를 측정하는 장비로서 전자빔(Electron Beam)을 이용하여 측정한다. 1 keV~수 십 keV의 에너지를 가진 전자 빔(Electron Beam)을 시료(Sample)에 조사하면서 조사 대상의 패턴 부위에서 발생하는 2차 전자(Secondary Electron)를 검출하고 이 검출된 신호들을 증폭시켜서 디스플레이 장치(CRT 등)에 형상화 시키면 패턴의 3차원 상을 통해 Photo 공정 후 , 식각 공정 후 패턴의 CD 값을 측정할 수가 있다. 측정의 정확도를 높이기 위해 2차 전자(SE:Secondary Electron)와 후방 산란 전자 방출(BSE:Backscattered Electron Emission)을 별도의 검출기를 이용하여 검출함으로써 높은 대조(High Contrast) 이미지(Image)를 얻을 수 있다. 또한 Multiple Scanning Methods를 이용하여 잡음이 없는(Noise Free) 보다 선명한 이미지(Image)를 얻을 수 있다.

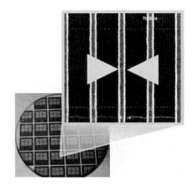

그림 4.10.2.1.1 CD SEM으로 측정한 CD 화면

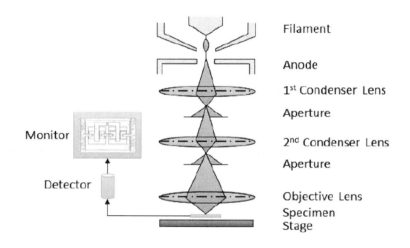

Filament

Anode

1st Condenser Lens

Aperture

2nd Condenser Lens

Aperture

Objective Lens
Specimen
Stage

Monitor

Detector

그림출처:ncs 반도체제조MI장비운영 학습모듈

그림 4.10.2.1.2 CD SEM 측정 장치 구성 개략도

4.10.2.2 오버레이(Overlay) 측정기

Photo 공정 완료 후 Photo 공정의 중요한 측정 항목으로 CD 측정 외에 오버레이 (Overlay) 측정이 있다. 오버레이 측정이란 수직정렬도(Vertical Alignment) 측정을 말한다. 반도체 소자 제조에는 수 십장의 Photo Mask를 사용한다. 이 들 Mask를 사용하여 Photo 공정을 진행하는 경우는 반드시 이전 Mask와의 수직 정렬도가 제대로 이루어진 상태에서 노광이 이루어져야 한다. 그렇지 않고 수직 정렬도가 스펙 값을 벗어난 경우는 소자의 동작에 이상이 발생하여 제품 수율의 저하를 가져온다. 즉 오버레이 정밀도 (Overlay Accuracy)가 좋아야 Layer간 정렬 상태가 좋은 결과가 나온다고 할 수 있다. Layer 간 수직 정렬도 상태를 측정하는 장비가 Overlay 측정기 이다.

Overlay의 측정 원리는 광 간섭계를 이용하는 방법과 전자 빔을 이용한 이미지 비교를 이용하는 방법으로 나뉜다. 광간섭계를 이용하는 방법은 광원에서 빛을 빔분류기를 통해 정렬 측정 패턴의 정렬 마크의 가장자리 신호를 측정하는 간섭계를 이용하여 외부박스 (outer box)와 내부 박스(inner box)를 스캔하고 스캔한 박스의 가장자리 시그날 값을 이용하여 정렬 값을 산출한다. 전자 빔을 이용한 이미지 비교를 이용하는 방법은 시료 (Sample) 위에 전자 빔(Electron Beam)을 조사하여 서로 중첩된 상부와 하부 패턴들에 대한 이미지를 각각 획득하여 패턴의 설계 이미지로부터 상부 및 하부 패턴의 기준위치를 설정하여 상부 패턴의 이미지 편차를 산출하고 하부 패턴의 위치편차를 산출하여 상부 패턴과 하부패턴의 이미지의 벗어난 정도를 측정한다.

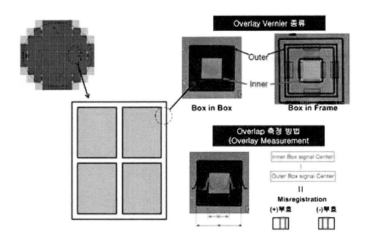

그림 4.10.2.2.1 오버레이(Overlay) 측정기 측정 방법 개략도

4.10.2.3 막 두께 측정기(Film Thickness Measurement Tool)

반도체 소자의 제작은 수많은 단위 공정으로 이루어져 있다. 이 중 산화(Oxidation) 공정 후 산화막(SiO_2), 박막(Thin Film) 공정 후 질화막(Si_3N_4) 등 각 종 절연막(Dielectric Layer), 알루미늄(Al) 막 등 각 종 금속막(Metal Layer) 등등 여러 종류의 막들을 만들게 되는데 이들 공정이 완료된 후 반드시 측정해야 할 항목이 막의 두께(Film Thickness) 측정 항목이다.

막 두께를 측정하는 방법은 막의 표면의 색깔을 보고 측정하는 방법, 탐침을 이용하여 막의 표면에 접촉하여 단차의 두께를 측정하는 방법, 시료를 절단하여 전자 현미경(SEM, TEM)을 이용하여 막의 두께를 측정하는 방법, 막에 광을 조사하여 측정하는 광학적인 측정 방법 등 여러 가지 방법이 존재한다. 이 중 공정 진행 후 두께 측정에 가장 많이 사용하는 방법은 광학적 방법이다. 광학적 방법에도 크게 두 가지 방법으로 측정을 하는데 하나는 광 간섭 두께 측정기(Spectral Reflectometer)를 이용하는 방법과 두 번째 방법은 엘립소메터(Ellipsometer)를 이용하는 방법이다. 광 간섭 두께측정기는 박막의 두께 측정 범위가 넓고 비교적 두꺼운 막의 측정에 많이 사용하고 아주 얇은 박막을 측정하는데는 정확도가 떨어진다. 이러한 얇은 박막을 측정하는 데는 주로 엘립소메터(Ellipsometer)를 사용하여 정확하게 측정한다. 이들 두 가지 방법의 측정 원리에 대해 알아보도록 한다.

4.10.2.3.1 광 간섭 두께 측정기(Spectral Reflectometer)

텅스텐 할로겐 램프 등 램프를 광원으로 사용하며 광원에서 나온 빛을 광학계를 통해 시료 위에 조사한다. 조사된 빛이 박막 표면 및 기판과의 경계면들에서 반사된 반사광이 광섬유(Optical Fiber)를 통해 측정기(spectrometer)에 입사된다. 측정기에 입사된 반사광은 측정기 내의 grating에 의해 파장별로 분리된 후 CCD에 의해 전기적인 신호로 바뀌게 되고 디지털 신호로 바뀐 후 계측기 내의 소프트웨어에서 데이터를 해석하여 두께를 측정하게 된다. 박막에 입사된 빛의 일부는 박막 표면에서 반사되고, 일부는 박막과 기판의 경계면에서, 다층 박막의 경우는 박막 간의 경계면에서 반사된다. 이들 반사된 파형들은 동일 광원으로 방사된 가간섭성(Coherent)광이므로 서로 간섭 현상을 일으키게 되어 파장에 따라 서로 보강 및 상쇄 간섭을 일으킨다. 반사광은 박막 두께 및 물성에 따라 고유의 파장에 따른 반사율 분포를 나타내며 이를 이용하여 박막의 두께를 측정할 수 있다. 이 방식은 측정 속도가 빠르고 재현성이 우수하여 가장 일반적인 두께 측정에 사용된다. 단점으로는 아주 얇은 박막 측정이 어렵고 광학 상수(굴절율 등) 측정이 어렵다.

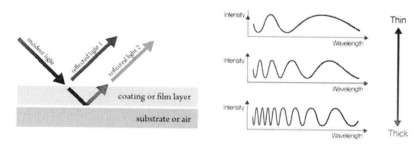

그림 4.10.2.3.1 광 간섭 측정기 측정 방법 개략도

4.10.2.3.2 엘립소메터(Ellipsometor)

빛이 어떤 물질을 통과하게 되면 빛은 그 물질의 영향을 받아 변화하는데 그 변화의 정도는 빛이 통과한 막의 굴절률과 두께에 비례한다. 이 방법은 얇은 막의 측정에 적합하고 막의 두께와 굴절률을 함께 측정할 수 있는 장점이 있으나 측정시간이 긴 단점이 있다. 측정 원리는 He-Ne Laser 광원에서 나온 빛(전자기파)이 선형 편광자(Polarizer)를 통과한 후에 측정하고자 하는 시료(Sample)에 부딪치면 반사된 빛을 또 다른 편광자(Analyzer)가 검출하는 방법이다. 빛이 샘플에 반사된 후 반사광의 편광 상태가 변하게 되는데 이 편광 상태의 변화는 시료의 특성(막의 두께, 복소 굴절률, 유전상수)에 따라 달라진다. 이 편광 변화량은 막의 위상정보인 진폭(Ψ)과 위상차(Δ)로 나타내며 빛의 파장, 입사각, 막 두께, 복소 굴절률(Complex Refractive Index)에 따라 달라진다. 타원계 측법(Ellipsometer)은 막의 위상 정보를 이용하여 측정하므로 옹스트롬 단위의 높은 해상도를 얻을 수 있다.

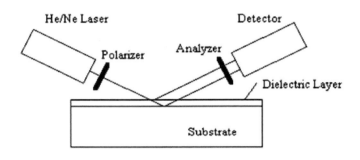

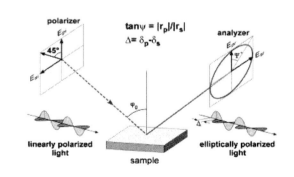

그림 4.10.2.3.2 엘립소메터 측정기 측정 방법 개략도

4.10.2.4 저항(Resistivity) 측정기(4침 탐침기: 4-Point Prober)

반도체 소자의 제작은 수많은 단위 공정으로 이루어져 있다. 이 중 3가 또는 5가 불순물을 웨이퍼에 주입하는 기술인 확산(Diffusion) 또는 이온 주입(Ion Implantation) 공정 후 주입된 불순물의 양(Dose)을 측정하는 방법으로 가장 일반적인 방법이 4 Point Prober를 이용하여 전기적으로 면저항(Sheet Resistance)을 측정하는 방법이다. 이 측정 기술은 4개의 탐침을 일렬로 일정 간격(s)으로 배열시킨 프로브(Probe)를 시료의 표면에 접촉시켜서 저항을 측정한 후 시료의 크기와 형태 및 두께에 따른 보정 계수를 적용하여 면저항(R_s: Sheet Resistance)을 측정한다. 4개의 탐침 중 최외곽 탐침 2개에 전류를 흘리고, 가운데 두 개의 탐침에 흐르는 전압을 측정하여 저항 값을 측정하는 원리를 이용한다. 탐침 간격 s 대비 시료 크기 d를 무한대라고 하면 보정계수(Correction Factor) F=4.532이다.

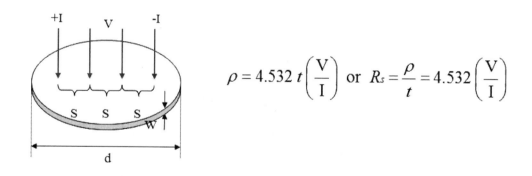

$$\rho = 4.532\, t \left(\frac{V}{I} \right) \ \text{or} \ R_s = \frac{\rho}{t} = 4.532 \left(\frac{V}{I} \right)$$

그림 4.10.2.4.1 Point Probe 측정기 측정 방법 개략도

4.10.2.5 TW(Therma Wave) 측정기

이온 주입(Ion Implantation) 공정 후 주입된 불순물의 양(Dose)을 측정하는 방법으로 가장 일반적인 방법이 4 Point Prober를 이용하여 전기적으로 면저항(Sheet Resistance)을 측정하는 방법이 있으나 이 방법 외에도 비파괴적인 방법으로 이온 주입 공정을 평가하는 계측기로 TW 측정기가 사용된다. 이 측정 기술은 불순물의 양(Dose)외에도 이온 주입에너지(Energy), 빔 전류(Beam Current), 이온 주입시의 이온 채널링(Channelling), 웨이퍼 표면 조건(Temperature, Contamination 등)에 민감하여 TW 신호(Signal)의 분포도를 평가하여 이온 주입 공정을 모니터링 할 수 있다. 측정 원리로는 두 개의 레이저 (He-Ne 670nm와 고출력 10mw Argon Laser 740nm) 소스(Source)를 사용하여 측정한다. 변조된 열 및 플라즈마 파를 기판에 유도하고 변조된 반사율 신호를 측정한다.

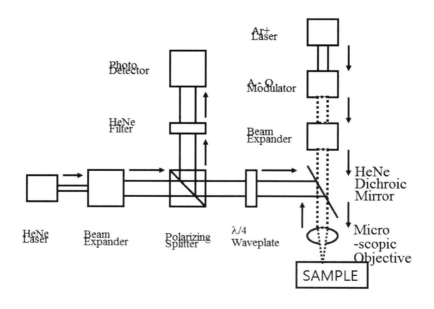

그림 4.10.2.5.1 TW(Therma Wave) 측정기 구성 개략도

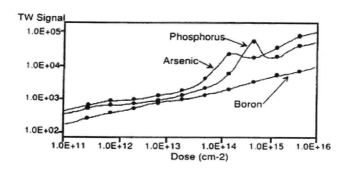

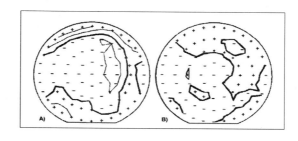

그림 4.10.2.5.2 TW(Therma Wave) 측정기 측정 방법 개략도

4.10.3 검사(Inspection) 장비

4.10.3.1 입자 측정기(Particle Counter)

반도체 공정 진행 시 장비, 사용하는 재료(가스, 케미컬 등), 분위기 등 여러 경로를 통하여 웨이퍼 위에 입자(Particle) 들이 발생한다. 이러한 입자들은 회로 단락(Open/Short) 및 저항(Resistance) 상승 등으로 인하여 제품 수율(Yield)에 큰 영향을 준다. 따라서 이러한 입자를 최소화 하는 것이 중요하다. 이에 따라 각 공정 후 공정이 끝난 실제 웨이퍼나 모니터링 웨이퍼 상에서 입자 수를 확인하여 스펙(Spec)내에 들어오는지 확인하는 것이 필수적이다. 이러한 입자의 수를 입자 크기 별로 검출하는 장비가 입자 측정기(Particle Counter)이다. 입자 측정기는 공정 결과 확인용으로 뿐만 아니라

장비나 유틸리티(Utility)의 청정 상태(Cleanness)를 점검하는 데도 필수적으로 사용된다. 입자 측정기의 측정 원리는 웨이퍼 위에 레이저 빔을 조사하여 웨이퍼 상의 입자(Particle)에서 반사, 흡수, 산란(Scattering)이 일어난다. 이 산란된 빛의 세기는 입자의 크기와 성분에 따라 다르게 나타난다. 웨이퍼 전면에 레이저 빔을 스캐닝(Scanning)하여 이들 산란광을 집광하여 광 검출기(PMT: Photo Multiplier Tube)를 거쳐서 광 세기(산란 스펙트럼)를 분석하면 웨이퍼 상의 입자의 위치, 크기 및 개수, 분포(Histogram)를 측정할 수 있다.

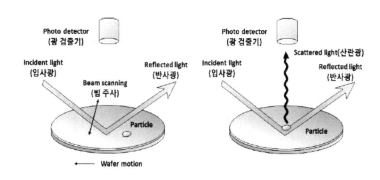

그림출처:ncs 반도체제조MI장비운영 학습모듈

그림 4.10.3.1.1 입자 측정기(Particle Counter) 측정기 원리 개략도

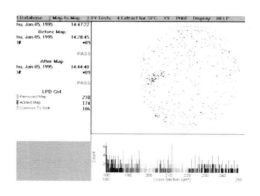

그림 4.10.3.1.2 입자 측정기(Particle Counter) 측정 맵

4.10.3.2 디펙트 검사 시스템 (Defect Inspection System)

반도체 공정 진행 시 웨이퍼 위에 발생하는 각 종 디펙트(Defect)를 검사(Inspection) 하는 장비로서 레이저를 사용하는 광학장비로 검사하기 어려운 패턴 상에 디펙트, 특히 깊은 홀(Deep Hole) 내에 존재하는 작은 디펙트 검사에도 유용하게 사용되는 장비이다. 측정 원리로는 높은 에너지(약 30 keV 범위)를 갖는 전자 빔(Electron Beam)을 사용하여 시료 표면에 조사하면 시료 표면에서 발생하는 이차 전자(SE: Secondary Electron)에 의하여 표면의 울퉁불퉁한 토폴로지(Topology)를 검출하고, 높은 에너지를 가진 전자 빔에 의한 BSE(Back Scattered Electron)에 의해 깊은 홀 내에 존재하는 디펙트(Buried Defect)를 검출 한다. 전자 빔의 조사는 매우 빠른 스캐닝(Scanning)으로 웨이퍼 전체를 주사하여 디펙트 이미지를 얻는다. 아울러 디펙트 검사 시스템에는 자동 디펙트 리뷰 (Review) 및 디펙트 분류(Classification) 기능도 갖고 있으며 또한 옵션으로 EDX(Energy Dispersive X-ray Spectroscopy)를 장착하여 디펙트의 성분 분석도 가능하다.

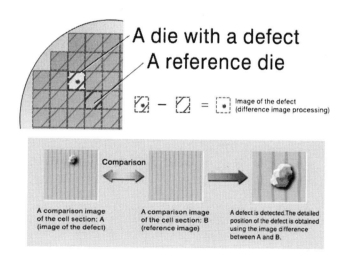

그림 4.10.3.2.1 디펙트(Defect) 검사 장비 검사 원리

4.10.3.3 TRXRF (Total Reflection X-Ray Fluorescene)

반도체 공정 진행 시 사용하는 장비, 부품, 재료 등으로 부터 각 종 오염물 (금속성 불순물 등...)이 발생되어 웨이퍼 표면을 오염시킬 수 있다. 이러한 오염은 소자의 전기적 특성에 치명적인 영향을 주어 제품의 수율(Yield) 저하를 가져온다. 따라서 이러한 오염물 은 스펙(Spec) 이내로 엄격하게 관리해야 한다. 각 공정 진행 후 웨이퍼에 발생한 각 종 금속성 불순물을 측정하는 장비가 TRXRF(또는 TXRF라고도 함) 장비이다. 측정 원리는 X-Ray를 시료에 조사하여 시료에서 반사(Reflection)되는 X-Ray 내에 여기 (Exciting)된 전자가 방출하는 Photon의 형광(Fluorescene) 스펙트럼(Spectrum)을 Energy Dispersive Detector를 이용하여 분석하여 시료에 함유된 금속 불순물의 종류와 함량을 측정한다. 입사 X-Ray 빔이 특정 각도에서 입사되면 거울(Mirror)처럼 완전히 반사(Total Reflection)된다. 이 완전 반사를 이용하여 측정 한계(Detection Limit)를 높일 수 있다.

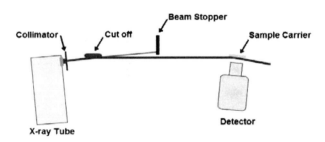

그림 4.10.3.3.1 TRXRF 검사 장비 검사 원리

반도체 공정장비 공학

인쇄 | 2024년 3월 2일
발행 | 2024년 3월 5일

지은이 | 최 재 성
펴낸이 | 조 승 식
펴낸곳 | (주)도서출판 북스힐

등 록 | 1998년 7월 28일 제22-457호
주 소 | 서울시 강북구 한천로 153길 17
전 화 | (02) 994-0071
팩 스 | (02) 994-0073

홈페이지 | www.bookshill.com
이메일 | bookshill@bookshill.com

정가 18,000원

ISBN 979-11-5971-383-5